U0241137

安徽省"十二五"重点出版物
出版规划增补项目

物联网

万物互联的技术及应用

张志勇　陈桂林
翁仲铭　石贵平　编著

北京师范大学出版集团
BEIJING NORMAL UNIVERSITY PUBLISHING GROUP
安徽大学出版社

图书在版编目(CIP)数据

物联网:万物互联的技术及应用/张志勇等编著. —合肥:安徽大学出版社，
2018.9
　(物联网系列丛书)
　ISBN 978-7-5664-1281-2

　Ⅰ.①物… Ⅱ.①张… Ⅲ.①互联网络－应用－概论 ②智能技术－应用－
概论 Ⅵ.①TP393.4 ②TP18

中国版本图书馆 CIP 数据核字(2017)第 001495 号

物联网：万物互联的技术及应用

张志勇　陈桂林
翁仲铭　石贵平　编著

出版发行：北京师范大学出版集团
　　　　　安 徽 大 学 出 版 社
　　　　　(安徽省合肥市肥西路 3 号 邮编 230039)
　　　　　www.bnupg.com.cn
　　　　　www.ahupress.com.cn
印　　刷：安徽省人民印刷有限公司
经　　销：全国新华书店
开　　本：170mm×240mm
印　　张：11.5
字　　数：177 千字
版　　次：2018 年 9 月第 1 版
印　　次：2018 年 9 月第 1 次印刷
定　　价：47.00 元
ISBN 978-7-5664-1281-2

策划编辑:刘中飞　李　梅　武溪溪　　　　装帧设计:李　军
责任编辑:刘中飞　武溪溪　　　　　　　　美术编辑:李　军
责任印制:赵明炎

前　言

随着互联网应用技术的蓬勃发展及人们对美好生活质量需求的提升,我们生活中所使用的产品遂渐被赋予辨识能力、感知能力及无线通信能力,实现了智慧化。近年来"物联网"已受到各国政府、产业界及研究人员的高度重视,并被提升为国家级战略。随着前沿科技的飞速发展,物联网、云计算及人工智能已成为新闻媒体争相报道的题材,随着这些新技术的快速发展及其在穿戴式设备、机器人及自动驾驶车等产品上的广泛应用,物联网逐渐成为全民应该了解的基本技术。现今,我们的衣、食、住、行、育、乐都与物联网技术息息相关,它可能是我们出行时需要使用的公交卡,也可能是我们的穿戴式设备——智能手环,抑或是管理我们家居的安全装置系统。物联网已跃身成为智慧城市中每个市民都应该学习与掌握的通识知识,不再只是高等学府或相关专业学者研究的内容。

本书从物联网的概念开始谈起,引出物联网的起源和发展,使读者领略物联网的实用性与重要性。随后通过介绍物联网的感知层、网络层、云计算与数据分析层以及应用层,为读者展现出一张清晰的物联网架构图。同时,通过对智能交通、智慧家庭、健康照护、物流运输、智慧节能等全方位的范例解说,阐述物联网在日常生活中的创新应用。最后,本书对物联网现阶段遇到的困难与挑战加以剖析,并对物联网未来的发展与应用前景进行了展望。

本书的完成,需要感谢许多人的幕后协助。感谢台湾淡江大学无线与行动网络实验室各位同学的辛苦努力与付出,使本书得以完成。感谢滁州学院各位老师的帮助,尤其是周强教授对物联网安全章节的贡献,使本书的内容更加完整。感谢台湾受恩公司提供的健康照护素材与宝贵建议,使本书中物联网在健康照护中的应用等内容更加丰富。最后,感谢安徽大学出版社的编辑与工作人员为本书的编校所做的大量工作,使本书得以顺利出版。

编著者

2018 年 7 月

目　录

第1章　物联网概述

互联网技术的快速发展与应用,改变了人类生活与沟通的方式,而随着网络与通信技术的创新以及微机电技术的进步,感知与对象联网技术已可将传感器与无线通信芯片嵌入实体物质或与其高度整合。随着衣、食、住、行、育、乐各方面的电子产品中感测及无线通信芯片的植入,各式各样的智能设备亦渐渐问世。例如,智能手机、智能插座、具有红外线感应能力及无线传输能力的 LED 照明灯、机器人、智能冰箱、智能药盒、智能血糖仪、智能血压计、智能跑步机、联网电视、智能家电以及可穿戴设备等,提升了人们生活的便利性。网络将生活中所能接触到的各项事物都连接起来,物联网(Internet of Things,IoT)的概念应运而生。

1.1　物联网的起源与发展

互联网的出现,创造了人与人之间沟通的新方式,打破了以往人们熟知的商业行为模式,彻底改变了人们过去的生活习惯。但是互联网的形式依然是以人为主体,进行人与人或人与信息之间的互动。随着科技的进步,网络所产生的相关应用不断拓展,现有的信息内容已渐渐无法满足快速变化的环境需求,人们迫切地需要实现人与物、物与物之间的进一步沟通,以提升信息透明度,并对外界产生的变化实时地作出正确的回应。一旦所有的物品都具备连接网络的能力,且可通过网络提供的服务让对象彼此间可以相互沟通及互动,万物联网的世界便产生了。因此,物联网也可以说是互联网的一种创新延伸形态。

在"物联网"这个名词被正式提出来之前,已有相关的概念被提出。1980年,在卡内基·梅隆大学,一些程序设计师设计了一套系统,可通过网络查看自动售货机目前剩余的饮料种类与数量。1995年,比尔·盖茨在《未来之路》一书中提及类似物联网的概念,但由于当时无线网络、硬件及感测设备的发展尚未成熟，这一概念并未引起广泛重视。1999 年，美国麻省理工学院自动识别中心主任 Kevin Ashton 正式提出"物联网"这个名词，并提出了"RFID 物流管理"的概念，被誉为"物联网之父"。随着互联网技术的不断进步，2009 年奥巴马在就职演讲后对 IBM 提出的"智慧地球"做出了积极回应，物联网开始引起社会各界的广泛关注。

我们先从物体变"聪明"的角度来看物联网的发展。图 1-1 所示为现代人日常生活中几乎必备的手机的演变过程。20 世纪末，手机刚问世，外形较为笨重，2001 年后发展至数字手机以及具有初步联网能力的多媒体手机，2010 年发展为智能手机，此后呈爆炸性发展。智能手机一般有多种传感器。例如，三轴加速度计可以计算晃动的程度，电子罗盘可以进行方向的感测，全球卫星定位系统（Global Positioning System，GPS）可以让手机成为导航仪，光传感器可随光线调整屏幕的显示亮度。除此之外，更有 Wi-Fi、3G 或 4G 网卡芯片可提供高速宽带网络联机能力。用户可通过智能手机或平板电脑上网观看影片，与好友分享信息及照片，用 E-mail 实时响应商务信息，在网络商店上购物，或安装各式各样的 APP 来使用相关的程序服务。

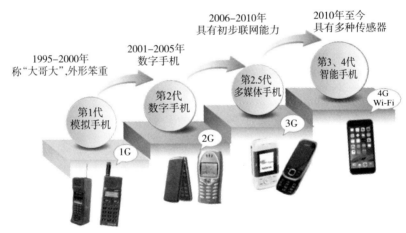

图 1-1　从手机的演变来看物联网的发展

接下来，再从日常生活用品的演进来看物联网。图 1-2 所示为日常家用电器电视机的演变过程。从早期（1928 年至 2000 年）的模拟电视时代，到 2001 年之后更高画质的数字电视时代，再到 2014 年之后的智能电视时代，电视机的发展见证了时代的变迁和科技的进步。除了可提供更高的影像画质之外,智能电视还具备联网的功能,整合了计算机的部分功能。例如,智能电视连接互联网上各种多媒体信息并加入社交网络等功能后,用户不仅可以观看电视平台提供的频道,还能在电视上使用搜索引擎,观看网络视频等。

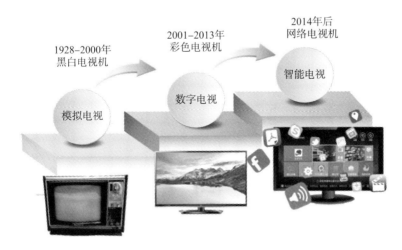

图 1-2　从电视机的演变来看物联网的发展

冰箱是另一种常见的家用电器,起初仅提供低温保存食物的功能。为满足人们日益增长的生活需求,冰箱也有了越来越丰富的功能,包括用于节省电量的自动变频、用于降低因震动所造成噪音的静音防震设计等。近年来,随着物联网的崛起,"智能冰箱"的概念被提出,如图 1-3 所示。智能冰箱的智能面板具有食材管理、食谱选择、服务叫修、应用程序下载等多项功能。

图 1-3　智能冰箱

由上述例子可以发现,生活中越来越多的物品具备了连接互联网的能力,这也是物联网最主要的功能,以下将进一步介绍物联网的定义。

1.2   物联网的微型感测芯片

所谓"物联网"，顾名思义就是指物物相联的互联网。当很多物体连上网络后，便自然成为一个巨大的物联网了，要让所有的物体或设备具有上网的功能，必须在特定的物体或设备上植入各种微型感应芯片。微型感应芯片大致上可分为三类，包括无线射频识别（Radio Frequency Identification，RFID）、传感器（Sensor）以及无线通信芯片。下面，将依次介绍这三类微型感应芯片在物联网中所扮演的角色。

1. 无线射频识别

无线射频识别是一种无线通信技术，可以通过无线电信号识别特定目标并读写相关数据。换句话说，RFID在物联网中具有识别对象身份的功能。这里的对象除了上文提到的手机、电视或冰箱外，也可能是人或宠物。例如，图1-4中的悠游卡就是通过RFID技术来识别用户是学生、老人还是一般人。

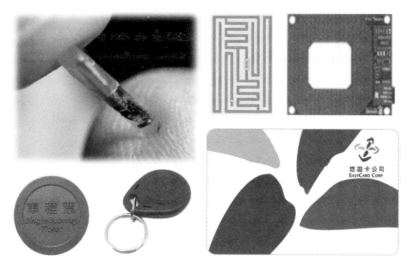

图1-4   使用无线射频识别技术的产品

目前，RFID技术已经广泛应用于各行各业。例如，将RFID标签附着在一辆正在生产中的汽车上，厂方可以方便地追踪此车在生产线上的进度；给药品贴附RFID标签可以方便追踪其位置；将RFID标签附于牲畜与宠物上，可以方便对牲畜与宠物的积极识别("积极识别"的意思是防止数只牲畜使用同一个身份);给汽车附上 RFID 标签可以方便收取收费路段与停车场的费用。

2. 传感器

人们除了要知道对象的身份之外,可能还需要知道这个对象所发生的事情。如之前所提到的冰箱,如果想让智能冰箱具备食材管理的能力,首先必须知道冰箱里到底装了什么食材,此即传感器所提供的功能。换句话说,传感器在物联网中具有感知的功能,就像人类的五官一样,具有眼睛的作用(视觉),如光传感器和图像传感器;具有耳朵的作用(听觉),如电容麦克风;具有皮肤的作用(触觉),如力学传感器、温度传感器和湿度传感器;具有舌头的作用(味觉),如离子传感器和化学传感器;具有鼻子的作用(嗅觉),如半导体气敏传感器和气体传感器等。

如图 1-5 所示为各式各样的传感器。传感器的种类非常繁杂,分类方式也多种多样,除了和五种感官相比拟的传感器外,还有红外线传感器、接近传感器、速度和加速度传感器、磁性传感器等。因此,从广义上说,传感器是一种能把物理量、化学量、生物量等转变成便于辨识、利用的电信号的器件;它输出的电信号有不同的形式,如电压、电流、频率、脉冲等,能满足信息传输、处理、记录、显示和控制的要求。

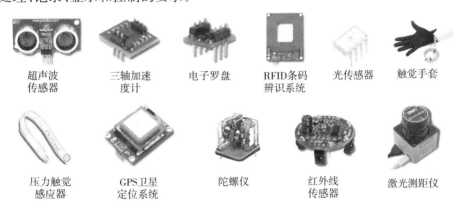

超声波　　　　三轴加速　　　电子罗盘　　　RFID条码　　　光传感器　　　触觉手套
传感器　　　　度计　　　　　　　　　　　辨识系统

压力触觉　　　GPS卫星　　　　　陀螺仪　　　　红外线　　　　激光测距仪
感应器　　　　定位系统　　　　　　　　　　　传感器

图 1-5　各式各样的传感器

3. 无线通信芯片

前面已经说明如何识别对象的身份,以及如何感测对象发生的事情,但要实现物物相联,还必须将这些对象感测到的数据传输出去。因此,传感器上通常会装配有无线通信芯片,可以无线的方式将感测数据传到后端的服务器上。常见的无线通信芯片包括 ZigBee、蓝牙、Wi-Fi 以及 3G/4G 无线通信模块,如图 1-6 所示。之所以选择无线通信的方式,是因为无线通信一方面可以减少布线所造成的空间成本,另一方面也可以在不影响使用者原本使用习惯的前提下,达到对象智能化的目的。

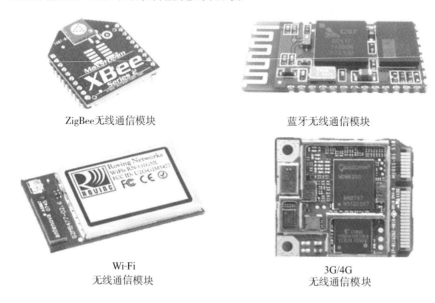

ZigBee无线通信模块　　　　　　蓝牙无线通信模块

Wi-Fi　　　　　　　　　　3G/4G
无线通信模块　　　　　　无线通信模块

图 1-6　常见的无线通信芯片模块

1.3　物联网的应用

　　根据物联网的概念,当我们所使用的智能对象连上互联网后,便可通过移动终端,如手机、平板电脑等,实时地了解并监控其运作的状态;同时,也可以通过互联网来改变物体的运作状态,如图 1-7 所示。若燃气灶能连上网络,当我们在前往公司的途中,通过互联网得知燃气灶仍开着便可利用手机上的应用软件(APP),直接通过网络将燃气灶的状态设定为关闭。若电冰箱能连接网络,在下班经过超市时,便可通过手机查看电冰箱的库存,从而购买适当的晚餐材料。若洗衣机能联网,则可以和智能电表及水表连通,获得电费及水费不同时段的价格信息,在特定时段工作,为主人节省电费及水费。就大众所接触的物体而言,若红绿灯可连上网络,那么当救护车或警车将到达时,便能调节红绿灯保证车辆优先通过;若汽车能连上网络,便可将其车速、行车影像、路过的坑洞、噪音、空气质量等信息传至网络,实时分享,以供其他车辆参考。

图 1-7 物联网可提供移动终端实时掌握智能终端的状态

现今市场上已有许多可穿戴设备,如图 1-8 所示,包括智能眼镜、智能手环、智能球鞋、智能腰带、智能服装等。这些可穿戴设置可通过蓝牙与手机相联,当有短信或电子邮件送至手机时,用户不必拿出背包内的手机,通过可穿戴设备(如智能手表)即可阅读短信和操控手机。由于手表本来就是人们日常穿戴的设备,因此,智能手表的短距离联机,将释放我们的双手。而颇具盛名的 Google 智能眼镜,除了可以让我们看见实体世界的物体外,还可以为我们提供一些重要的数据信息。例如,医师做手术时,除了能看见病人的身体器官外,还可在智能眼镜中看见生理设备传来的病人生理信息,包括血压、心跳等图示,在做手术的同时,让医师进一步了解病人的生理情况。旅游时,智能眼镜可以通过其内置的全球定位系统和地图以及事先准备好的数字导览内容,为旅游者提供导览,甚至可以通过眼镜内的影像辨识技术与智能翻译软件实现实时翻译。例如,未来到日本旅游时,我们的眼镜中可同时出现日文及其对应的中文。而汽车师傅在修理车辆时,也可实时在眼镜中获取车辆的数据及修理的步骤。

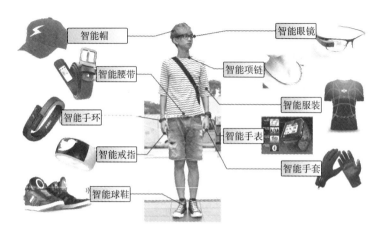

图 1-8   可穿戴设备

物联网技术的发展及其衍生而来的运营服务,已受到世界各国的重视,在各领域中扮演着关键的角色,包括运输业、信息安全、智能节能、电子商务、医疗、智能家庭等,如图 1-9 所示。通过智能对象的联网,物与物、人与物间的"沟通"与"对话"将更为频繁;通过特定的程序或控制,智能对象间的互动及其衍生而来的服务将更加多样化及智慧化。物联网所能提供的管理与服务功能相当丰富,包括实时监测、定位追踪、报警联动、调度指挥、预算管理、远程监控、安全防范、决策支持等。由于每个人生活周遭平均有 1000~5000 项物品,因此物联网的整体规模相当庞大。据相关数据,2020 年物联网连接数据将达 500 亿~1000 亿,其中蕴藏着巨大的商机。

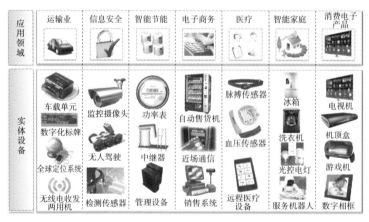

图 1-9   物联网的应用领域及相关设备

随着物联网时代的来临,结合互联网及网络社交的发展,有越来越多的新闻、文章、照片、语音和影片可以与人分享,也有越来越多的广告、拍卖物品上网,给用户提供从线上到线下(Online to Offline,O2O)的购物服务。可穿戴设备,可以随时将生理信息(血压、心跳、血糖等)、运动信息(能量消耗、运动里程、运动轨迹、运动时间与频率等)传送到网上。此外,物联网中大量的智能物体,如联网的汽车、自行车、冰箱、马桶、饮水机、沙发、电表、水表、燃气灶、空调等,也可不断地将信息传送至网络上。这些信息若能通过云端的技术提供良好的网络软硬件服务、良好的程序发展平台服务,通过大数据分析技术进行特性与关联性分析,最后辅助普通民众、企业、政府进行策略的制定,可为人们的生活带来便利,也可为企业在未来潜在的市场提供很多的商机,更可为政府行为带来效率与透明。

物联网的实现将革新人类的生活和工作方式,但与此同时也可能衍生出隐私权与数据安全等问题。例如,美国芝加哥在路灯里装设探测器,用路灯记录城市中的行人与车辆的相关数据,就曾引起是否侵犯个人隐私的争议。美国纽瓦克自由国际机场在新装设的 LED 中嵌入探测器,同时与既有的监视器和其他传感器联机,实时侦测排队人潮,还能辨识证件。但部分学者认为这种设备或许可能成为有心人搜集资料的工具,若没有有效的管理机制,将导致重大的个人资料泄漏危机。如何在利与弊之间平衡以实现优质与安全的生活目标,是人们应用物联网时必须思考的问题。

第 2 章　物联网的架构

2.1　物联网架构概述

物联网，就是让所有物品都能连上互联网，以物品信息为主，通过嵌入感应芯片，赋予物品感知能力，再利用互联网功能，实现实时查询、远程控制、远程监控及智能管理等目标，以达到具有全面感知、可靠传递和智能处理三大特征的智能生活境界。本节将探讨物联网的架构，物联网架构可分为四层，分别为感知层、网络层、云计算与数据分析层、应用层。以下分别介绍各层。

1. 感知层

感知层主要负责物品信息的采集，通过嵌入感应芯片，赋予物品感知周遭环境的能力，或者在物品上嵌入辨识芯片，让物体连上互联网后能够显示自己的信息，包括物品名称及功能。该层由各种负责信息采集和识别的感知组件所组成，主要的技术为无线射频识别技术和无线传感器网络技术。

2. 网络层

网络层是物联网最基础的技术架构，主要负责将各种物体通过网络彼此串联在一起，让物品之间可以彼此交换信息，达到控制和通信的目的。该层主要分为电信网络和数据网络，电信网络主要为移动式车辆或移动式装置提供信息回传的服务，数据网络通常为室内的电器设备提供数据传输的服务。

3. 云计算与数据分析层

云计算与数据分析层主要用来打造智能化与自动化的应用基础。这一层储存了各种应用服务，来自各种对象的感测与辨识数据，通过云计算的三层架构——基础设施即服务（Infrastructure as a Service，IaaS）、平台即服务（Platform as a Service，PaaS）、软件即服务（Software as a Service，SaaS），可根据用户的行为，提取出用户的需求，从而为用户提供适当的服务。例如，耐克的智能球鞋具有感知能力,能追踪使用者的跑步路线、距离、速度、时间及能量消耗等,并将数据传递到云端进行分析,通过云计算与数据分析层的智能处理,协助用户进行跑步训练、记录以及数据分享等。

4. 应用层

物联网在应用层上的服务范围很广,常见的应用服务有智能生活、节能减排、智能物流、智能交通、智能工厂、智能安防、农林渔矿物联网等,其中应用层所开发的软件整合应用更可为企业创造商机。

图 2-1 物联网架构

图 2-1 所示为物联网架构。最底部是感知层,涵盖各种感测技术及辩识技术,可使嵌入感测元件的各种智能物体产生用户的生理或行为感测数据。而感知层的辩识技术,诸如 NFC 或 RFID 等,亦可收集许多辩识信息数据。通过上一层网络层技术,包括所有有线及无线技术,可让物体将每种感测数据传递至云端系统。再通过云计算和数据分析层技术,结合云计算的三层架构,分别提供数据分析时所需要的软件服务、平台服务、芯片与处理器等硬件

服务,配合数据分析的演算法与机制,可以将紊乱和非结构性的感测数据进行有效地自动运营和分析,然后进行结构化整理,甚至建立数据分析学习系统,提供预测和实时反应。而分析后的有用信息,进入最顶层的应用层,提供丰富多样的物联网应用服务,包括智能生活、节能减排、智能物流、智能交通、智能工厂、智能安防、农林渔矿物联网等。

物联网的四层主要架构分别有各自所探讨的领域与主要目标,接下来将针对各层的关键技术依次进行介绍。

2.2　感知层

所谓"物联网",就是在我们日常生活所接触的物体或设备中,植入各种微型感应芯片,使其智能化,然后借助无线/有线通信技术,实现人和物体的"对话"、人和人的"对话"、物体和物体之间的"交流",使生活中的物体智能化,能够自动反馈状态,自动与人和物沟通,更易与人互动以及更"聪明"地被人类使用。

感知层是物联网最底层的技术,涵盖各种具有感知与辨识能力的设备。通过这些设备之间的相互通信,物与物、物与人之间可产生联结与互动。感知层发展中的关键技术包括无线射频识别技术、无线传感器网络(Wireless Sensor Networks)等。

1. 无线射频识别技术

无线射频识别技术是一种无线通信技术,通过无线电信号识别特定目标并读写相关数据,而识别系统与特定目标之间无需建立机械或光学的接触。在日常生活中,无线射频识别技术的运用随处可见,从门禁系统、牲畜管理到物流管理、停车场管理、乘车票卡等,皆可见到其踪迹。RFID 系统可分为读写器(Reader)和标签(Tag)两部分。物品通过嵌入 RFID 芯片(即 Tag),供读写器进行物品辨识和数据储存与读取。此技术拥有高度的安全性,可反复使用,大大减少生活上的不便。

读写器内包含天线、控制单元及处理单元,通过发射射频无线电波能量,对标签进行读写,读取数据后再以有线或无线方式与应用系统结合使用。常见的门禁系统的读写器与门禁卡便是如此,如图 2-2 所示。

图 2-2 常见的门禁系统读写器与门禁卡

标签主要由一块微小的芯片、天线和一个简单的基板组成,一般又根据有无电池及是否主动进行扫描等,分为主动式和被动式两种。图 2-3 所示为常见的标签造型。

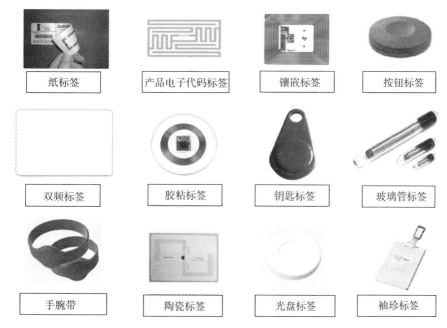

纸标签	产品电子代码标签	镶嵌标签	按钮标签
双频标签	胶粘标签	钥匙标签	玻璃管标签
手腕带	陶瓷标签	光盘标签	袖珍标签

图 2-3 常见的标签造型

主动式标签内含电池,可提供数据读写的功能,若产品贴上主动式标签,可对读写器发出指令,由于含有内建电池,因此信号传输的距离较远。另外,主动式标签的储存容量较大,整体来说价格较高。而对于被动式标签而言,其能量由读写器提供,当标签感应到读写器提供的微电流时,可利用电波将其信息传回读写器。被动式标签的体积较小,价格便宜,且寿命长。

2. 无线传感器网络

物体连接上网络后，除了利用 RFID 来提供自己的身份外，另一个很重要的功能便是提供实体世界发生的事件及日常的信息。在联网的物体中嵌入传感器，可提升物体的智能性。例如，在球鞋中嵌入 GPS 传感器，球鞋便可反馈运动者所经过的地点及路径；在手环中嵌入三轴加速度计，便可反馈用户的步数以及睡眠情况等。传感器的种类很多，如图 2-4 所示，它们可以协作监控不同位置的物理或环境状况（如声音、振动、压力、运动或污染物等），形成无线传感器网络。无线传感器网络必须具备感应环境的装置，并且具有低成本、低耗电、体积小、容易布建、可程序化、可动态组成等特性。

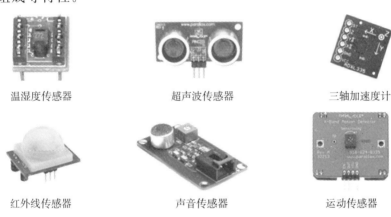

温湿度传感器　　　　　　超声波传感器　　　　　　三轴加速度计

红外线传感器　　　　　　声音传感器　　　　　　运动传感器

图 2-4　常见的传感器

以红外线传感器为例，它可探测人体辐射出的红外线，或利用红外线接收器与发射器之间的接受情况，来探测物体是否存在，最常见的应用为红外线警报系统。在欲监控区域的摄影机中嵌入红外线传感器，当摄影机发现前方有物体出现时，通过联网，可自动开启电灯并实时回传目前监控区域的影像给用户。

在现今能联网的设备中，手机可称得上是物联网的"模范生"，其中有许多传感器。例如，光传感器可随光线明暗调整屏幕显示的亮度；三轴加速度计可计算晃动的程度，使手机充当计步器；电子罗盘可指引方向；全球卫星定位系统（GPS）可以让手机成为导航器。

整体来说，感知层是物联网的数据来源，扮演着"端"的角色。终端设备的任何感测信息均可通过联网传递至云端;在具有联网能力的条件下,终端设备可接收并执行远程用户的操控指令。

2.3　网络层

网络层如同人体结构中的神经,负责将感知层所收集的数据传输至云计算与数据分析层进行处理。由于我们希望物体连上互联网后,可避免缆线的牵绊,仍具有移动性,因此,在网络层中,大多数物体仍通过无线网络来传递自身感测的数据。这些无线网络技术包括无线数据网络中的 WiMAX、Wi-Fi、蓝牙、ZigBee 等技术,以及使用 1G、2G、3G 或 4G 的无线通信技术。

在物联网中,智能终端必须具备能够连接互联网的能力,使各种智能终端之间能够彼此分享信息,实现人和物体的“对话”、人和人的“对话”以及物体和物体之间的“沟通”。智能终端包罗万象,所使用的无线通信技术亦不尽相同。在物联网的网络层中,无线网络技术大致可分为电信网络(Telecom)和数据网络(Datacom)两大类。

电信网络以语音传输为主,近年来,随着 2.5G 以后技术的发展,也可以通过手机提供上网服务。电信网络主要由基站与手持设备组成,用户只要位于基站通信范围内,即可进行语音或数据的传输。移动通信技术的演进大致可分为四个时期,其特点如下:

①第一代移动通信技术(1G),是最早的移动电话系统,主要采用模拟式传输,以模拟声音信号为处理对象,仅限语音的传送。1G 的传输优点是距离长、穿透性佳、没有回音的困扰,而缺点则是易受外来电波干扰而造成信号质量不佳。此外,由于信号以模拟方式来处理,无法对信号进行加密,因此通话易遭人窃听。

②第二代移动通信技术(2G),主要以数字信号为处理对象,将模拟信号内容转换成数字信号,并解决第一代移动通信的安全性及隐私性问题,可传送语音及短信息。

③第三代移动通信技术(3G),将语音服务与现有的互联网服务进行整合,并将电信网络与数据网络合二为一。手机除了可以用来通话外,也可以

用来上网。因此，在任何地点，用户均可用手机浏览网页，或通过 QQ、微信与朋友聊天。

④第四代移动通信技术（4G），以 LTE-A（Long Term Evolution-Advanced）无线通信技术为代表，具有更高的传输效能、更低的传送延迟、更低的建设和运行维护成本、更良好的安全能力，且可支持多种服务质量保证（QoS）等级。其静态传输速率达 1 Gbps，在用户高速移动状态下，传输速率达 100 Mbps。

数据网络以数据传输为主。数据网络的应用在日常生活中已非常普遍，如笔记本电脑所使用的 Wi-Fi 和蓝牙网络，即为数据网络。其他常见的数据网络包括红外线、ZigBee、Ultra-wideband、Z-Wave 等。以下将针对 Wi-Fi 与 ZigBee 进行介绍。

Wi-Fi 的无线传输技术与蓝牙技术一样，同属于短距离无线技术，但 Wi-Fi 传输的速率比蓝牙快，且距离也比蓝牙远。Wi-Fi 主要使用 2.4 GHz 及 5 GHz 的免费频段，传输速率约为 54 Mbps。

ZigBee 是运用于无线传感器网络的低功耗无线通信技术，具有低速、低耗电、低成本与低复杂度等特性，并且能自动组织成一个多跳网络，亦能扩充大量的网络节点，适用于多种网络拓扑。ZigBee 与 IEEE 802.11（Wi-Fi）、蓝牙共同使用 2.4 GHz 频带，有效传输范围为 $10\sim50$ m，支持最高传输速率为 250 kbps。传感器可通过 ZigBee 通信协议，将感测数据（如温湿度、压力、三轴加速度等）以无线多跳传输的方式传回给服务器端，以供人们研究分析。

不同物品联网需要的通信速率、距离和耗电量也不同，为了使各物品具有联网能力，可在各种物品中嵌入不同技术的通信模块芯片，如图 2-5 所示。对电视或摄影机而言，由于传递的数据多为影像或图片，为了给用户提供良好的服务质量，需要用 Wi-Fi 技术进行连接。而对于冰箱、洗衣机、电灯等，用户多以指令方式进行操控，需要的带宽较小，所以 ZigBee 技术较为常见。若物品（如车载装置、手机等）需经常移动，为了进行操控或监视，则以电信网络 3G/LTE 等技术较为合适。

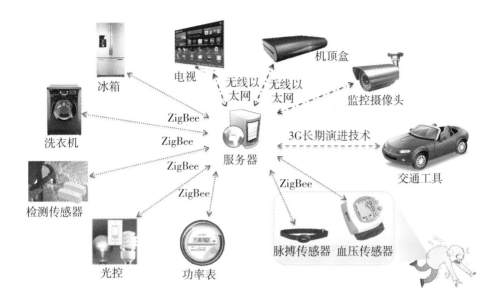

图 2-5 无线网络的技术与应用

2.4 云计算与数据分析层

在物联网中,可利用传感器所收集的大量数据代表用户的各项行为、习惯或当下环境所发生的变化。这些数据通常都是杂乱无章的,必须先通过云端系统所提供的储存空间进行留存,再通过云端提供的工具与软件开发平台来进行数据分析,最后通过云端所提供的可视化软件来显示数据分析的结果,因此,云计算与数据分析有密切的关系。负责 IBM 物联网技术研发领导工作的王云指出,要让物联网发挥真正价值,其实是对上传网络后的数据进行分析,并将分析所得结果加以运用,这些数据情报的运算和分析必须依赖后端的强大系统,也就是云运算,否则,必将出现数据泛滥进而难以运用的问题。

一般的传感器多半只用来记录信息,若要进一步形成物联网,各种传感器搜集到的数据大多数需要送到后端系统进行分析处理。传感器越多,长时间累积下来,搜集到的数据量越庞大,分析难度也越高,甚至有些传感器搜集到的数据是非结构化的数据,如视讯设备所搜集的图片、影像等,处理难度更高。因此,最大的挑战是处理这些庞大又复杂的大数据,而这些大数据涵盖电子商务、物流活动、交通活动、购物生活、可穿戴设备、社交网络等领域。如图 2-6 所示，将通过物联网所搜集到的大量数据汇集成大数据，这些数据包括汽车行车记录仪的影像与 GPS 坐标、家庭智能插座的电量与时间数据、计算机上传与下载的各种数据以及可穿戴设备所收集的个人运动与健康信息等。再通过云运算，对这些数据进行数据分析、数据挖掘、数据提取与数据整合等，才能够从最原始的数据中挖掘出最大的价值，进而为个人、群体、企业、政府等进行决策及自动化服务的运行规划提供参考。

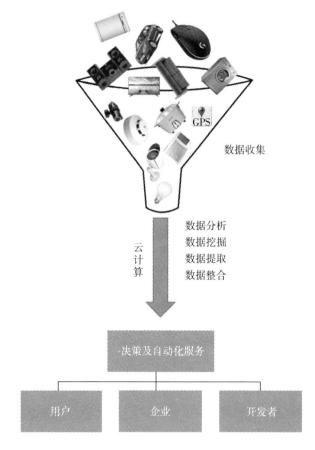

图 2-6　云计算与物联网的关系

　　大数据的预测是未来物联网最重要的应用技术之一，物联网的成熟会带来大数据挖掘的挑战。以美国太空总署（NASA）的经验为例，杜宏章表示，NASA 运用大量卫星监测地面，单是过去搜集到的数据，就需要 10 年的时间建立分析模型,再用另外 10 年的时间才能分析出结果。IBM 中国研究院院长李实恭则认为挑战不只如此,未来不仅数据量会增加,数据性质也会有较高的流动性,反应也要非常及时,对数据分析能力的要求甚至比现在金融业与电信业这种以纯交易为主的行业还高。为了处理大量的原始数据,云计算将成为物联网大规模应用的关键技术。

根据云端的服务形态,可将云计算分为 SaaS、PaaS 和 IaaS,如图 2-7 所示。

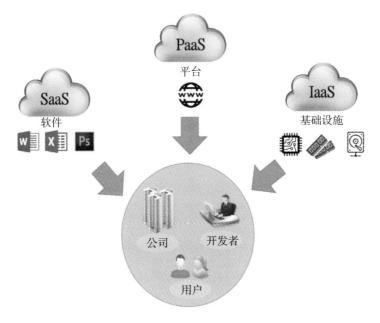

图 2-7 云计算服务的三种架构

针对**软件即服务**(SaaS),云端提供了许多常用的软件,包括统计分析软件、文本编辑软件、影音编辑软件、绘图软件、图片编辑软件等。用户可以通过云端的服务使用这些软件,不必在自己的计算机中安装那么多软件,既省钱,又方便。

针对**平台即服务**(PaaS),平台提供者在云端提供一个应用程序开发平台,该平台可以为程序开发者提供所需要的开发链接库、开发软件或程序接口。凭借云端提供的软件即服务,用户可以通过网络直接使用这些开发链接库、开发软件或程序接口。另外,通过这些软件服务,程序员或系统开发者可以对智能对象进行直接且可视化的远程操作,实现实时的人机交互。

　　针对**基础设施即服务**(IaaS),云端能够提供的基础设施即服务,如记忆设备、运算设备、储存设备等。云服务将采用虚拟化的方式,通过互联网为不同用户提供最富弹性的租用。站在用户的角度,若不采用云端服务,用户必须先购买大量且种类繁多的硬件设备,包括内存设备、硬盘储存设备、网络设备及 CPU 计算设备等,在采购、维护、更新、扩增等方面都需要人力和物力成本。但是有了云端提供的基础设施,用户就可以在云端租用自己所需的设备,包括计算机、内存、硬盘、操作系统、网络拓扑等。云端系统可依照用户需求,将物联云计算机的智能对象资源分割一部分,以虚拟化的模型服务用户。当用户因为业务增长而需要更大的储存空间或更多计算资源的时候,云端的基础设施也可以通过动态的虚拟化技术来提供硬件设施。

　　物联网中的智能对象搜集到的数据,将被送到云端系统加以分析与处理,而随着智能对象的增多,日积月累,搜集到的数据量愈发庞大,分析难度也不断提高。另外,当搜集到的数据为非结构化数据时,如图 2-8 所示的大量图片及影像,数据的处理难度将更高。

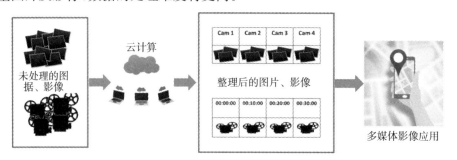

图 2-8　云计算应用于物联网

　　如果要处理大量的非结构化数据,云计算必然会成为关键技术。有些物联网专家将云计算视为物联网架构必需的一环,作为独立的一层位于应用层和网络层中间。未来物联网所涵盖的领域将会不断地扩大,乃至跨足于不同产业,届时物联网将扩展到更大的规模,这就必须使用云计算技术,包括云端所提供的数据分析、数据挖掘、数据提取与数据整合的软硬件、函数及开发平台。

2.5　应用层

应用层主要负责应用软件的开发与跨平台的中间件设计,应用层所开发的软件整合应用是企业创造商机的重要机会。物联网常见的应用领域有智能电网、健康照护、智能交通、智能生活、节能减排、智能物流、智能工厂、智能安防、农林渔矿物联网等。下面分别对智能电网、健康照护和高速公路实时路况系统进行说明。

1. 智能电网

智能电网是指通过完备的智能插座或智能电表基础建设,打造用户与电力公司之间的桥梁,以达到电力公司与用户双向沟通的目的。例如,将空调及冰箱等用电量较大的家电设备的插头插入智能插座上,则电器每秒的用电量均可通过智能插座上的无线网络(如 ZigBee)传送到家中的主机。若每个家庭的电器设备都能被统计出来,那么大楼、小区、乡镇的用电量也都可以被统计出来。用电量的统计数据有助于电力公司配电规划与传送配电,使电力的配给依实际的需求来分配,不致发生配电过多而造成电力浪费的现象,也不致遭遇因配电不足而无电可用的窘境。智能电表基础建设(如图 2-9 所示)由智能电表、通信系统与设备、电表信息管理系统等组成。在用户端装设智能电表,读出的用电信息可通过各种通信系统与设备传至电表信息管理系统。该系统可使电力公司实时且完整地掌握用户端的用电信息,进而通过需量管理、自动调控、实时测量或优化电力资源分配等行为,针对配电与供电进行优化管控;可向用户提供用电信息查询服务,如用电高/低峰期、用电减价时段、电量计价方式以及历史用电记录等,以改变用户的用电习惯。

2. 健康照护

随着医疗科技的进步,人类平均寿命得以提高,部分发展中国家及发达国家人口老龄化问题日益突出。在传统的照护系统中,最基本的要素是人力。在现代忙碌的社会中,很少有人能随时照看自己的双亲,若需要医疗人员随时照顾,则须让老人长期住在医疗场所。若要减少老人不必要的心理压力，家中是最好的照护场所，此时就需要搭配物联网传感器的感测与通信技术，以及各项云计算与分析技术，来构建完整且即时的照护系统。如此一来，既可隐性地完成对老人的照护监控，减少人力负担，也可大幅减少老人单独在家发生状况却无人帮助的危险。在提升老人照护品质的同时，通过物联网的技术，将可以测量并自动记录老人的心跳、血压等生理数据，随时随地监控老人健康状况。健康照护应用系统如图 2-10 所示。老人可在身上佩戴各种人体传感器，如三轴加速度计、声波传感器、血压传感器等。可通过三轴加速度计的三轴变化了解老人是否跌倒。当老人在家中或室外跌倒时，通过物联网的传输机制将信息上传到中央控管中心的服务器中，此时，院方可通过医疗监控平台得知此信息，并从居家监控系统的摄影机中观察老人的受伤情形。除此之外，当邻近义工接到跌倒信息时，也可就近赶往老人住所提供帮助。

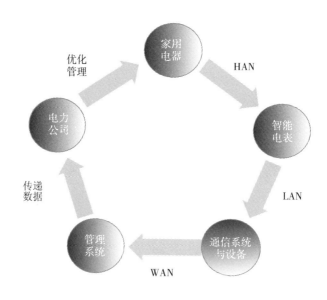

图 2-9　智能电表基础建设

图 2-10　健康照护应用系统

3. 高速公路实时路况系统

平日人们工作繁忙，只能利用节假日与家人或朋友相约出外游玩。然而，选择此时外出的人往往很多，高速公路及知名景点路段上挤满了车，不仅浪费时间，增加空气污染，降低能源使用效率，还降低了出外游玩的兴致。为了有效解决堵车问题，通过高速公路实时路况系统，游人可在出发前上网查询高速公路实时路况，查看公路平均车速、公路实时影像、意外事件发生地点等，以评估是否按原路前往，或以其他道路方案取代，以避免堵车。如图 2-11所示为高速公路实时路况系统，就感知层而言，在高速公路两旁架设雷达测速系统，在高架桥上架设摄影系统，公路警察不定时、不定点地对公路行车状态进行监控，驾驶员通过手机将当下实时路段状态等反馈给交通广播网。上述感测数据将进一步通过网络层所提供的各种联网技术，上传至交通运输部门所维持的智能交通云进行储存与路况分析，将整合后的路况信息以图形化方式显示，供人们在出行前用手机、平板电脑或计算机上网查询。通过高速公路实时路况系统查询实时公路路况信息，能够避免交通拥挤，分散车流量，使所有人皆能以最快的速度到达目的地。

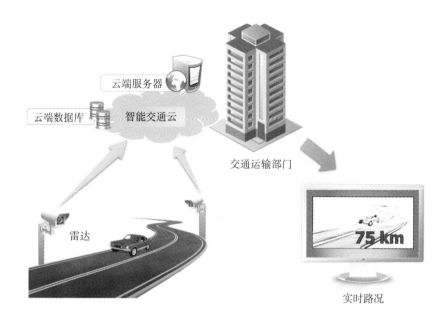

云端服务器

云端数据库　智能交通云

交通运输部门

雷达

75 km

实时路况

图 2-11　高速公路实时路况系统

在物联网中，各种人、事、物沟通的核心和基础都是互联网。给日常生活中随处可见的各种物体嵌上无线射频识别芯片、传感器及无线通信芯片，便可使物体通过互联网互通互联，不但可回传物体的自身状态，更可方便人类对物体进行控制，进而实现人与人、人与物、物与物之间的"沟通"和"对话"，打造具有智能性的物物相联的网络。物联网技术的延伸和扩展，可架起理想世界中各种人、事、物"沟通"的桥梁；无线射频识别(RFID)技术、红外线传感器、全球定位系统、3D 激光扫描仪、无线通信技术等信息感测与通信设备装置，亦可内嵌至各种物体中，让互联网的用户端扩展至物体，让各种物体也具备类似人类的沟通能力。因此，通过各种物联网技术，可创造出一种能融入万物的数字空间，任何东西都可以装进里面，任何事物也都能彼此相联。在未来的生活环境中，随处都将充满不易察觉的微小传感器。当你外出远行时，嵌入行李箱内的传感器会自动提醒你忘记带的东西；当各种芯片植入体内时，可以改善人类的听力和视力；当微型计算机装置嵌入衣服或鞋子等物体时，可以利用随意布建的微型计算机系统与衣物上的微型计算机互动；每个人都可以随时通过智慧校园查看自己的孩子是否已经顺利抵达学校；通过智慧医疗得知父母正在公园运动,身体健康指标良好;通过智能仓储,只花 1 分钟就能完成公司库存的盘点;通过智能交通,选择最优路线去机场接客户,并与高速公路上的车辆相互对话,实现自动驾驶等。

物联网技术的发展已是大势所趋。它不是无中生有的科技,而是一种生活进化的结果,许多物联网科技早已存在于现实生活中,但目前各环节间尚未搭起灵活运用的智慧桥梁。若能将若干环节串联在一起,实现人与人、人与物、物与物之间的"互动"与"沟通",则能建构出更便利化的生活环境,最终实现智能的美好世界。

第3章 物联网感知层的识别技术

3.1 条形码

1. 条形码简介

条形码是一种供机械识别的条状符号,也是一种按照编码规则排列的条、空符号。先将用以表示一定商品的号码(包括基本数字与英文字母)分别规划成各种粗细不同组合的黑白条纹,再将此组含有英文、数字数据的条纹印到商品上。当被光学扫描器读取后,通过电脑解码,作为自动化输入电脑的"识别符号"。为了确保光电系统能充分读取全部信号,并作出最正确的判断,除条形码主要数据外,还需要告诉机器一些必要的额外数据,如国家或厂商的代表号码。因此,这个独一无二的条形码就像人的身份证号码,可作为商品从制造、批发到销售的作业过程以及流通于国际市场的最佳统一管理编号。

条形码最早成功应用于美国的食品业,目前国际商品条形码分为 UPC 与 EAN 两大系统。1960 年,美国经济蓬勃发展,消费市场进入成熟期,全美食品联盟协会于 1965 年成立美国统一编码协会(Uniform Code Council,UCC),开始研究业界的统一条码,以迎合合理化的管理需要。1973 年,美国超级市场工会(Super Market Institute,SMI)委托 IBM 开发了第一套商业条码,称为通用产品代码(Universal Product Code,UPC)。1976 年,在美国和加拿大的超市里,UPC 码的成功应用给了人们极大的便利,欧洲人对此产生了极大兴趣。次年,欧洲 12 个工业国家在 UPC 条形码的基础上,开发了一套在欧洲使用的条形码并进行推广,称为欧洲商品条形码(European Article Number,EAN)。后来,该编码组织的会员不断扩及欧洲地区以外的国家,最后发展成为一个国际性组织,并在 1981 年更名为国际商品条码协会(International Article Numbering Association,IANA)。1990 年,该协会与美国统一编码协会签署共同协定,使 UPC 码与 EAN 码得以兼容。至此,EAN 编码系统真正成为世界通用的编码体系。

2002 年末,美国与加拿大主导物品编码,致力于推广自动识别与电子商务标准,于 2005 年正式将 UPC 码与 EAN 码更名为 GS1(Global Standard No. 1),联合 100 多个会员国,领导全球标准的设计与推广,以促进大众利益。

2. 条形码的优点

条形码具有许多优点,包括准确可靠、数据输入效率高、成本低、灵活实用、相对位置自由度大、设备简单及易于操作等。

(1)准确可靠。键盘输入数据平均出错率为三百分之一,利用光学字符识别技术出错率为万分之一,而采用条形码技术误码率低于百万分之一。

(2)数据输入效率高。条形码输入的速度是键盘输入的 5 倍,并且能实现"即时数据输入"。

(3)成本低。与其他自动化识别技术相比较,条形码技术只需一小张贴纸和构造相对比较简单的光学扫描仪,因此成本费用较低。

(4)灵活实用。条形码符号作为一种识别方法,可以单独使用,也可以和相关设备组成识别系统,实现自动化识别。没有自动识别设备时,也可通过键盘改为人工输入。

(5)相对位置自由度大。条形码通常只在一维方向上表达信息,同一条形码上所表示的信息完全相同且连续,即使标签上有部分污损,仍可以从正常部分输入正确的信息。

(6)设备简单及易于操作。条形码可印刷出来,易于制作,对印刷技术、设备和材料无特殊要求。此外,条形码符号识别设备结构简单,操作容易,无需专门训练。

3. 条形码的运作原理

条形码的运作需要经历扫描和编码两个过程。个体的颜色是由其反射光的类型决定的,白色个体能反射各种波长的可见光,黑色个体则吸收各种波长的可见光。当条形码扫描器光源发出的红光映射在条形码上并反射后,反射光照射到条码扫描器内部的光感应器上,光感应器可将强弱不同的反射光信号转换成相应的电信号。由于条形码上线条和空白的宽度不同,因此相应的电信号持续时间长短也不同。解码器通过测量脉冲数字电信号 0 与 1 的数目来判断线条和空白的数目,通过测量 0 与 1 信号持续的时间来判断线条和空白的宽度。最后,由计算机系统进行数据处理与管理。至此,物品的详细信息便被识别了。上述过程如图 3-1 所示。

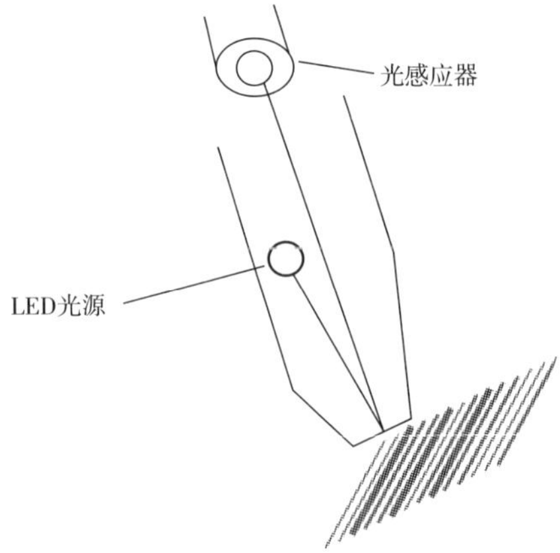

图 3-1　条形码的运作原理

4. 条形码的构成

图 3-2 所示为条形码的主要构成部分,包括空白区、起始符、数据符、校验符、终止符和条形码符号等六部分。

(1)空白区。空白区分为左空白区和右空白区。左空白区用于让扫描设备做好扫描准备,右空白区用于保证扫描设备正确识别条码的结束标记。

(2)起始符。起始符是第一位字符,具有特殊结构。扫描器读取该字符后,便开始正式读取代码。

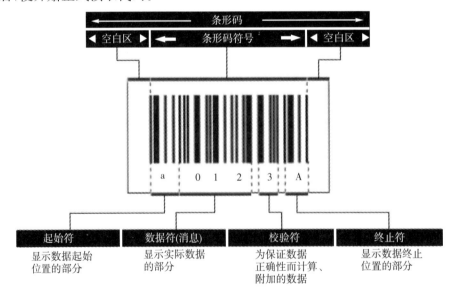

图 3-2　条形码的构成

（3）数据符。数据符是条形码的主要内容。

（4）校验符。检验符可用于检验读取的数据是否正确。不同编码规则可能会有不同的校验规则。

（5）终止符。终止符是最后一位字符，具有特殊结构，用于告知代码扫描完毕，同时还起到校验计算的作用。

（6）条形码符号。为了方便双向扫描，起止字符具有不对称结构，因此扫描器扫描时可以自动对条码信息重新排列。

5. 条形码的应用

常见的条形码应用于商店柜台结账作业以及政府机关办公事务，如零售商品、邮局包裹物流应用以及政务办公文件等，其余相关应用则有资产管理、门禁出勤管理、医疗应用、仓储物流应用等。

（1）零售商品、邮局包裹物流应用。扫描商品包装上的条形码可以知道价格或详细的产品信息等，扫描邮局包裹上的条形码可以知道寄件人和收件人的信息。

（2）政务办理文件。条形码申请书能省去辨识字迹及重复核对的流程，大幅缩短办理文件所需的时间。

（3）资产管理：从购置、领用、转移、盘点、清理、报废等方面对资产实物进行全方位准确监管，结合资产分类统计等报表真正实现"账、卡、物"相符。

（4）门禁出勤管理。使用条形码识别证可让出入更加方便，且可每月统计员工出缺勤、加班、请假记录，出勤数据不需要人工计算，可避免人工作业错误，数据永久保存并可追溯历史数据。

（5）医疗应用。处理挂号及入院业务时，患者数据无需重复输入，可提高处理速度；在药房和手术室内，患者身份可由电脑即时确认，杜绝差错现象；患者使用"就诊卡"，医院可更好地管理病历，医生可更方便地随时查阅，并可将患者以往的门诊及住院检查数据同时调出作为参考；使用身份证号码作为登记号，更易与社保或其他医院外的数据系统接合。

（6）仓储物流应用。条形码可用于对企业的物流信息进行采集跟踪。通过对生产制造业的物流跟踪，可满足企业对仓储运输等的信息管理需求。有利于实现库存管理自动化，合理控制库存量，实现仓库的进货、发货和运输中的装卸自动化管理。

6. 条形码的分类

(1)从外观来分,条形码可分为以下三类。

①一维条形码。一维条形码也就是传统的条形码,是由一组规则排列的条、空以及对应的字符组成的标记。这些线条和空白组成的数据可表达一定的信息,并能够用特定的设备识读,转换成与计算机兼容的二进制和十进制信息。常见的有 Code 39。

②堆叠式条形码。堆叠式条形码是最早的一种二维条形码形式,主要的设计理念十分简单,即将一维条形码堆叠起来以增加条形码的容量。编码原理是将一维条形码的高度变小,再根据需要堆成多行堆叠式条形码。该条形码在编码设计、检查原理、识读方式等方面都继承了一维条形码的特点。较具代表性的有 Code 49、Code 16K、PDF417、SuperCode 等。

③矩阵式条形码。该条形码是一种立体条形码,以矩阵的形式组成,在矩阵相对应元素位置上,用点的"显示"表示二进位的"1","不显示"表示二进位的"0"。点的排列组合用以确定矩阵码所代表的意义,其中点可以是方点、圆点或其他形状的点。矩阵码是建立在电脑图像处理技术、组合编码原理等基础上的图形符号自动识读的码制,已经不适合用条码的名称来称呼。具有代表性的矩阵式二维条形码有 DotCode A、USS Code One、MaxiCode、Data Matrix、Aztec Code、QR Code 等。图 3-3 所示分别为 Code 39、PDF417 和 Data Matrix。

(a) Code 39 条形码　　　　(b) PDF417 条形码　　　(c) Data Matrix 条形码

图 3-3　三种不同外观的条码

(2)根据各国条形码的应用系列来分,条形码可分为以下三类。

①UPC 码。UPC 码是最早大规模应用的条形码,是一种长度固定、连续性的条形码,目前主要在美国和加拿大使用,由于其应用范围广泛,被称为"万用条形码"。UPC 码仅用数字表示,故其字码集为数字 0～9,且共有

A、B、C、D、E 五种版本，分别对应通用商品、医药卫生、产业部门、仓库批发和商品短码五项产业，其中最常用的是 UPC-A 和 UPC-E 两种编码。

UPC-A 的特点如下：

▶每个字码皆由两线条和两空白组合而成，又可细分成七等分，如图 3-4 所示。可组成不同粗细比例的线条字码，其逻辑值可用 7 个二进制数来表示。

▶从空白区开始共有 113 个模组，每个模组长 0.33 mm，条码组长度为 37.29 mm。

▶中间码两侧的数据编码规则不同，左侧的编码为奇同位原则（线条个数为奇数），右侧的编码则为偶同位原则（线条个数为偶数）。

图 3-4　UPC-A 条形码　　　　图 3-5　UPC-E 条形码

UPC-E 是 UPC-A 的简化型，其编码方式是将 UPC-A 码整体压缩成短码，以方便使用。其编码由 6 位数字与左右保护线组成，并无中间码。6 位数字的排列为 3 奇 3 偶，其排列方法取决于检查码的值，如图 3-5 所示。

②EAN 码。EAN 码主要由四个部分组成，包括前缀码、厂商识别码、商品项目代码和校验码。前缀码是每个会员组织的代码，如我国的前缀码为 690～695；第二个部分为厂商识别码，它是分配给厂商的代码；第三个部分为商品项目代码，这个部分可由厂商自行编码；最后一部分为校验码，主要用途为检查正确性。对于一个商品而言，为了达到彼此交换的目的，厂商在编制商品项目代码时，必须遵守商品编码的原则，也就是说每个商品都必须有唯一的商品项目代码。我们日常购买的商品包装上所印的条形码一般就是 EAN 码。

EAN-8 码应用于印刷面积小的零售包装上面，主要特性为数据长度固定为 8 位，只能表示数字（0～9），只有一位检查码，如图 3-6 所示。EAN-13 码则为 EAN 条形码中使用最广泛的一种，数据长度为 13 位，主要应用于零售包装上，供零售销售点（Point of Sales，POS）扫描结账时使用，如图 3-7 所示。EAN-14 码主要应用于非零售包装（仓储、物流的包装）上面。由于

EAN-13 码与 EAN-14 码是商品的识别码,为了物流作业以及商品管理的方便,厂商还希望将交易对象、交货地点、批号、序号、生产日期与有效日期等信息用条形码表示,因此,条形码必须能承载更多的信息量,于是 EAN-128 码也就应运而生了。为了让供应链的上、下游厂商能共享一套条形码标准,不需要在产品上贴上各自的条形码标签,也为了让不同的信息系统都可以识别和应用,EAN-128 码利用 24 位数的应用识别码定义,如(01)代表 14 位数商品代码,(10)代表产品的批号等,如图 3-8 所示。

图 3-6　EAN-8 条形码　　　图 3-7　EAN-13 条形码

图 3-8　EAN-128 条形码

③GS1 系统码。GS1 系统使用的条形码包括 EAN/UPC、DataBar、GS1-128(以前称为 UCC/EAN-128 或 EAN-128)、ITF-14、Data Matrix(数据矩阵)与复合组件等。

DataBar 是比 EAN/UPC 更小的条形码,部分码型可在零售销售点(POS)扫描,可承载额外信息(如序号、有效期限及批号等),也可携带所有GS1 索引值(GS1 Keys)与属性,能在比 EAN/UPC 条形码更小的空间内应用,目前应用于全球不经过零售销售点(POS)的保健品项上。如图 3-9 所示,GS1 DataBar-14 条形码使用 14 位编码,可以包含 GTIN8、GTIN12、GTIN13、GTIN14 的编码格式。图 3-10 所示为欧洲的 DataBar 条形码应用范例。

图 3-9　DataBar-14 条形码

图 3-10　DataBar 堆叠条形码使用范例——购物的折价券

ITF-14 是 ITF 的延伸，ITF 是 Interleaved 2 of 5 的简称，又称 I25 或 i2of5 条形码，是一种只含数字、高密度、可自我检查的条形码。此条形码以两个数字为一组，每一组有一个专有的条码图案。由于以两个数字为一组，因此由 00 到 99 都各自用一个独特的条码符号来表达。由于需要用偶数表示，若要表达奇数的数据，则需在开端加零，使之成为偶数。ITF-14 码（即 Interleaved 2 of 14）只能承载全球交易品项识别代码 GTIN（Global Trade Item Number），可直接印刷在瓦楞纸箱上，但不能用于零售端 POS 系统识别。ITF 条码有一个特点，就是在外围会有长方形的黑线，以防止扫描时出现错误，英文称为 Bearer Bars，如图 3-11 所示。ITF-14 条形码可以表示 14 位数字，包含 GTIN12、GTIN13 和 GTIN14 编码。

图 3-11　ITF-14 条形码

1974 年开发的 Code 39 是一种可供用户双向扫描的分布式条形码，也就是说，相临两数据码之间必须包含一个不具有任何意义的空白（或细白，其逻辑值为 0），如图 3-12 所示。

图 3-12 Code 39 条形码

Code 39 条形码可以表示 44 种字符（数字 0~9，字母 A~Z，以及＋、－、＊、／、$、%、.、空格等其他字符），可自我检查，省略检查码，可以串联多个条形码数据，故宽度不一定。

Code 128 于 1981 年推出，是一种长度可变、连续性的字母数位条形码。与其他一维条形码相比，Code 128 是较为复杂的条形码系统，它所能支持的字符数也相对比其他一维条形码多，且有不同的编码方式可供交互运用，因此其应用弹性也较大，如图 3-13 所示。Code 128 可表示 106 种字符，可使用检查码，且可串联多个条形码数据。

图 3-13 Code 128

GS1-128 符号是 Code 128 符号规格的子集合。早年自动识别制造商协会（Automatic Identification Manufacture，AIM）和 GS1 两个组织之间通过协议，同意 GS1-128 使用 Code 128 中的功能 1 字符，置于"起始字符"之后第一个字符位置，完全保留功能 1 作为 GS1 系统条形码专用。GS1-128 因可携带多种与产业相关的"应用识别码"，故能满足跨产业需求，如图 3-14 所示。其优点如下：

▶GS1-128 以 ASCII 为编码字符，除字符值 128~255 外，还可使用 ASCII 所有字符编码。

▶条形码符号的长度是连续的代码形式,可双向解码,字符本身可自行检核,具有一个强制性的校验码,条形码符号长度可变。

▶每个符号的字符有六个元素,包括三个线条和空白,分别由一个、两个、三个或四个模组宽度呈现。但终止字符由七个元素组成,包含四个线条和三个空白。

▶数据字符密度。每个符号字符为 11 个模组(Code C 中每个数字字符为 5.5 个模组,每个终止字符为 13 个模组)。

(01)95012345678903(3103)000123

图 3-14　GS1-128 条形码范例

▶条形码大小特征。最大的物理长度为 165.10 mm(6.500 英寸),包括净空区(Quiet Zones)。单一符号的数据字符数最大数目为 48。

▶可携带多种信息。对于 GS1 定义的企业应用标识符(Application Identifier,AI),无论是固定长度,还是变动长度,元素串都可编入 GS1-128 条形码符号,因而可大大提升数据搜集的效率。

7. 二维条形码简介

一维条形码与二维条形码的差异可以从数据容量与密度、错误校验能力及错误纠正能力、识读设备等项目中看出。二维条形码的优点如下:

①高密度编码,信息容量大。可容纳多达 4296 个大写字母、7089 个数字、2953 个字节或 1817 多个汉字,比普通条形码的信息容量高几十倍。

②编码范围广。能将图片、声音、文字、签名、指纹等可以数字化的信息进行编码,以条形码方式呈现;可以呈现多种语言文字及图像资料。

③容错能力强,具有纠错功能。这使得当二维条形码因穿孔、污损等引起局部损坏时,照样可以被正确识读,即使损毁面积达 50%,仍可复原信息。

④译码可靠性高。它的误码率不超过千万分之一,比普通条形码译码误码率(百万分之二)要低得多。

⑤保密性及防伪性高。机密数据可引入加密措施。

⑥成本低，易制作，持久耐用。

⑦条码形符号的形状、尺寸大小和比例可变。

⑧二维条形码可以被激光或感光扫描器（CCD）识读。

8.二维条形码分类

截至 1997 年，全球有 30 多种二维条形码，较具代表性的矩阵式二维条形码有 PDF417、Data Matrix、Maxicode、Vericode、Softstrip、Code1、Philips Dot Code、QR Code 等，但只有 PDF417、Data Matrix、Maxicode 三种二维条形码成为美国自动制造商协会的标准。其中，PDF417 较早成为标准并商品化，应用范围比较广，适合应用于文件表单数据的自动输入。下面，以 PDF417 和 QR Code 为例进行介绍。

PDF417 是由美国 Symbol Techonolgies 公司（现为摩托罗拉公司）于 1992 年开发，被广泛应用于运输、身份识别、盘点管理等领域。PDF417 由 3～90 条类似一维条形码的横列堆叠所组成，为了方便扫描，其四周皆有静空区。静空区分为水平静空区与垂直静空区，长度至少应为 0.508 mm。每个字码包含了 4 个线条和 4 个空白，每个字码的宽度是最小单位宽度的 17 倍。PDF417 不仅具有错误检验能力，还可从受损的条码中读回完整的数据，即具有错误纠正能力，其容错率最高可达 50%。如图 3-15 所示，PDF417 码的储存量高达 1108 字节，若将数字压缩，则可存放 2729 字节。

图 3-15　PDF417 条形码

QR Code（Quick Response Code）也是二维条形码中的一种，是由日本 Denso Wave 公司于 1994 年开发。QR Code 使用四种标准化编码模式（数字、字母、二进制数组和汉字）来存储数据。QR Code 有 40 种规格，其中最高规格可容纳多达 4296 个大写字母或 7089 个数字、2953 个字节、1817 个汉字，比普通条形码的信息容量高几十倍。和普通条形码相比，QR Code 可以储存更多资料，且扫描时无需直线对准扫描器。因此，其应用范围已经扩展到产品追踪、物品识别、文件管理、营销等领域。QR Code 呈正方形，常见的是黑白两色,目前已有多色和内嵌图形的设计,3 个角落印有较小的像"回"字的正方形图案,可帮助解码软件定位,如图 3-16 所示。用户不需要对准,无论从何种角度扫描,数据都可以被正确读取。QR Code 具有容错能力,即使图形有破损,其内容仍然可以被机器读取,甚至 30％的面积有破损时仍可被读取,因此 QR Code 可以被广泛应用在运输外箱上。

图 3-16　QR Code 条形码　　　　图 3-17　QR Code 应用范例——印在饼干上

目前,QR Code 的应用方式也变得越来越新奇和有趣,如图 3-17 和图 3-18所示。例如,印在巧克力上面,消费扫描后即可读取送礼者的录音卡片;印在啤酒上,消费者扫描后即可参加抽奖活动;印在饼干上,类似幸运饼干,扫描后将出现幸运签语;利用巨幅广告空间放置 QR Code,扫描后出现地图,将用户导引至商家地点等。

图 3-18　牛仔裤零售商 Hointer 利用 QR Code 条形码,
提供顾客到店自助购物服务

3.2　RFID 技术

1. RFID 简介

无线射频识别是一种无线识别技术，在商业和技术上都具有很高的应用价值，近年来受到人们的关注。该技术通过内建的无线电技术芯片存放相关信息，如产品类别、位置和日期等，很有可能替代现有的识别技术，如条形码。RFID 可以用于追踪库存，提高供应链效率，另外还有很多潜在的应用场景。

2. RFID 的应用

RFID 系统的应用层面相当广泛，以下为常见的应用实例。

（1）物流管理。在产品包装阶段，可在包装箱上粘贴 RFID 标签，这些标签可以被读取及写入货品信息。产品入库之后，仓库人员可以通过 UHF RFID HB-2000 读写器进行存货盘点并即时回传资料，实现存货控管。产品装载上车要出货至客户端时，出货人员可利用同样的读写器确认此次的出货记录并回传出货数据。若有需要，亦可发送信息给业务人员，即时掌握出货时间。可在货车上安装 E-Tag 或贴附 UHF RFID 标签，利用厂区大门的 UHF RFID 固定式读取设备，记录货车的进出时间并进行进厂指引；另外，可搭配 GPS，即时掌握货车的位置。当货车抵达客户端并进行卸货时，收货人员只需利用 HB-2000 手持机读取 RFID 标签，便可以马上知道货物的详细资料，立即检验产品是否正确，无需逐一开箱查验，可节省大量时间、人力及物力。

（2）门禁管理。门禁系统具有记忆及报警功能，在进出管制区域时，可在屏幕上显示进出人员的数据，供管理者加以核对；同一套系统可在不同管制区给予不同权限，但一个人只需要一张进出管制卡，从而大大提高了门禁系统的便利性。所有进出人员的进出记录将储存于后端管理器，可提高管理的时效性及准确性。若有非管制人员尝试进出管制区域，门禁系统将自动发出警报，并通知相关管理人员，做好人员管制工作。

（3）停车场管理。利用 RFID 技术，可以远距离感应车辆的标签并即时进行判别。通过自动辨识 E-Tag 决定是否允许车辆进入，进而决定是否启动栅栏道闸让车辆进入,实现智能辨识车辆的管理功能。

(4)乘车应用。携带嵌入 RFID 标签的乘车卡片,可以利用非接触读取的通信技术出入地铁站或上下公交车,并自动扣缴乘车费用。这种短距离的读取要求持卡者近身接触卡片阅读机,不用担心被邻近读取器重复扣费而不自知,有比较高的安全性。

(5)图书馆应用。RFID 在图书馆中的应用体现在以下四个方面。第一,简化借还书工作。目前图书馆的借还书工作除了刷条形码外,还需做上磁及消磁等烦琐工作。以 RFID 标签取代条形码、磁条,不用一本书一本书地扫描条形码,就可以一次读取多条数据,减少读者的等待时间,减轻馆员的工作,提升图书馆的服务质量及形象。第二,查找错架、乱架的图书。利用无线电波感应技术,使放置错架的图书能很快被发现,提高图书馆馆员整架的工作效率。第三,加速盘点工作。目前多数图书馆盘点的方式是将书从书架上一本本取出,而 RFID 标签以无线电波传送信息,可以一次读取数个 RFID 卷标数据,简化盘点工作。第四,读者自助借还书。图书馆提供自助借还书外围设备,读者可以自行办理图书的借还。

(6)农业应用。RFID 在农业领域内的应用主要体现在物流管理和动物检疫管理上,多在产品追踪中使用。重视食品安全的国家或地区,对 RFID 的发展也相对更加重视。例如,日本为了实现本国农产品产销数据信息的流通,有效整合生产数据信息与流通数据信息,已于部分地区试行农产品的 RFID 应用。

(7)旅游应用。消费者不需时时携带实体金钱,仍可体验购物的快感。电子手环中会自动记载用户的消费记录,在结账时一次性付清账单,同时后端数据库也会留有客户的消费偏好,下次消费时还会作出个性化的消费推荐。这种不需停步的消费方式,使消费者在感受消费便利之余,更愿意花钱,间接刺激消费行为,大幅提升商店内部的附加服务水平。

3. RFID 在库存追踪中的应用

RFID 有非常多的应用场景,下面主要介绍一下库存追踪方面的应用。

20 世纪 90 年代末期,沃尔玛花费了数百万美元研究使用 RFID 代替条形码。

1999 年,美国麻省理工学院的布洛克(David Brock)博士和萨玛(Sanjay

Sarma)教授建立了自动识别中心(Auto-ID Center),专门研发供应链识别系统,将 RFID 技术应用于电子产品代码(Electronic Product Code,EPC)系统。

2000 年,他们研发出了 EPC,替代了通用商品代码(Universal Product Code,UPC)。EPC 是唯一一个与 RFID 标签或芯片关联的数据库,可以使系统间共享信息。EPC 协议对所有的 EPC-Compliant 系统都是通用的,它主要有两个特定的功能:一是编号方案,表明数据是怎样被存储在标签上的;二是接口协议,决定标签和读写器间如何通信。

但是对于沃尔玛或其他大型零售商,在为供应商建立 RFID 系统时会遇到不同的实际问题。在沃尔玛的授权下,每个供应商都要求通过 EPC 来识别商品,这样在新商品到达仓库时,就会自动识别并记录。

库存追踪可以让公司掌握每个商品的生命周期,了解目前货架上的商品数量、库存数量、销售量等信息,从而更准确、清楚地判断客户的购买意向,更好地控制投资,确保客户总是能够买到自己想要的商品。通过建立 RFID 系统,公司配送中心的成本势必会减少,其优势相当明显。

使用电子产品代码(EPC)的 RFID 系统有如下的优势:

①串行化的数据。供应链的每个物品都会有一个唯一的识别码。

②减少人为干预。自动追踪商品的数量等信息,减少人工成本和人为错误。

③高吞吐量的供应链(可同时计数)。

④实时信息流。当商品的状态(下架、售出等)改变时,可以及时更新状态信息。

⑤提高安全性。在密闭的空间或设施里,商品同样可以被追踪,可以防止盗窃等事件的发生。

4. RFID 的标准组织与机制

RFID 的标准组织与机制在整个系统中的主要目的为:建立统一标准,使信息在不同的软硬件及系统间可以进行传输,增加信息的流通性,创造新价值。

RFID 主要的国际标准组织有全球电子产品码协会(EPCglobal)、国际标准组织(International Organization for Standardization,ISO)及以日本为主的 UID 中心(Ubiquitous ID Center)。另外还有一些组织,如中国自动识别技术协会、美国国家标准协会(American National Standards Institute,ANSI)、美国汽车工业行动集团(Automotive Industry Action Group,

AIAG)以及 IPICO 公司等,也在进行 RFID 标准的制定和推动。以下将简单介绍制定 RFID 标准的主要国际组织。

(1)EPCglobal。1999 年,麻省理工学院成立了自动识别中心(Auto-ID Center),提出了 EPC(电子产品代码)的概念;2003 年 10 月,由 EAN 与 UCC 共同创建了 EPCglobal 组织,负责制定与推动 EPC 标准,自动识别中心管理职能正式停止。EPCglobal 建立的网络架构又称为物联网(Internet of Things)。EPC 标准在案例和企业支持力度方面具有一定的优势,目前已经成功地实现从 Gen1(第一代)到 Gen2(第二代)的转换,有许多符合 Gen2 的产品已经问世。

(2)ISO。该组织制定了不同的 RFID 应用标准,如动物识别标准(ISO 11784、ISO 11785 和 ISO 14223)、非接触式智能卡标准(ISO 10536、ISO 14443 和 ISO 15693)及品项管理标准(ISO 18000、ISO 24710)等。

(3)UID 中心。UID 是由日本建立的 RFID 规范标准,相较于 EPC 及 ISO,是较弱势的标准,但未来具有相当大的发展潜力。

5. RFID 的优点

由于 RFID 具有便利性,且技术不断更新,因此它能够被广泛地应用。以下将详细说明 RFID 的优点。

(1)体积小。Hitachi 开发的被动式 RFID 芯片大小仅为 0.4 mm× 0.4 mm,与一颗沙粒相仿,可贴附在几乎任何大小的商品上。

(2)成本低廉。预计 RFID 芯片被大量应用时,单颗成本会降至 5 美分以下。

(3)不易被仿制。RFID 可被隐藏在物品内,除非是大型 IC 制造厂,否则无法仿制。

(4)可储存大量数据。芯片内有 96 bits 容量,可辨识 1600 万种产品、680 亿个不同序号,可以避免条形码常遭遇的序号重复问题。

(5)快速非接触式数据读取。读写器和芯片的间隔在 4 m 内即可感应,每秒可读取 250 个标签,比条形码辨识速度快数十倍,也无需手持条形码机逐个扫描。

(6)其他优点。可以减少人工手动操作的错误,确保质量并降低成本,提供实时数据等。

6. RFID 的通信原理

(1)RFID 组成原件。RFID 系统主要是由读写器(Reader)、电子标签(E-Tag)、天线(Antenna)以及应用系统(Application System)等组成。以下将进一步介绍这些组件的用途及特性。

①读写器。读写器的内部硬件结构如图 3-19 所示，包含收发器(接收器＋发送器)、微处理器、内存、天线、控制器及电源。当标签靠近时，读写器可以使用其内部的接收器通过天线接收来自标签的数据，再使用微处理器对信号进行解码处理，然后传给后台控制器。控制器根据逻辑运算结果判断该标签的合法性，针对不同的设定作出相应的处理和控制，最后执行给予的指令的动作。通过通信接口将各个监控点连接起来，构成总控信息平台，根据不同的项目可以设计不同的软件来实现所需功能。

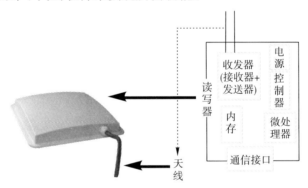

图 3-19　RFID 读写器内部组件

读写器的种类多样(如图 3-20)，分类方法也各有不同。依据读写器提供的接口可分为串行端口型(Serial)读写器与网络型(Network)读写器，见表3-1；依据移动能力可分为固定式(Stationary)读写器、挂载式(Mounted)读写器与手持式(Handheld)读写器等，见表 3-2。下面介绍几种常见的读写器。

拱形门读写器：物流中心或仓储中心用于读取货物上的标签，或者在卖场、图书馆等出入口设置，用于检测是否有人未依规定将物品带出。

输送带读写器：在运送机场行李时读取上面的标签，确认行李是否通过检查及运送的地点与搭乘的班机。

堆高机读写器：用于堆高车上，在运送货物的时候便能直接查询箱子内的物品信息，大幅度地减少人力成本。

手持式读写器:常用于卖场、物流、快递业及邮件管理查询。

(a)拱形门读写器　(b)输送带读写器　(c)堆高机读写器　(d)手持式读写器

图 3-20　各种类型 RFID 读写器

表 3-1　读写器的分类——提供的接口

种类	串行通信说明	范例
串行端口型读写器 (Serial Reader)	读写器用序列式通信与后端的应用程序连接并进行沟通	电脑上的 RS-232 或 RS-485 串行接口
网络型读写器 (Network Reader)	读写器通过有线或无线网络与后端的应用系统连接,读写器等同于网络装置之一	通过以太网络的 RJ-45 接头或无线网卡

表 3-2　读写器的分类——移动能力

种类	说明	外观	应用说明	应用领域
固定式	1.设置在不会移动的物品上。 2.硬件效能佳、数据处理速度快、通信距离较长、涵盖范围较广。 3.天线角度固定(设计时必须调整好,以确保标签能正确读取)	隧道型	可应用于仓库货物进出货码头,将读写器装于传送带的一端来读取标签信息	1.物流中心、仓储中心、卖场、图书馆。 2.提供供应链管理、物流管理、仓储管理、零售管理等作业
		拱门型	1.读写器装置放于各个货物进出口的门旁单边侧面处 2.读写器可上下调整,读取距离通常在 70 cm 左右	
		平台型	1.用于零售商店,将读写器装置放于收银台的平台处以获取标签信息。 2.读取距离为 5 cm 以内	
挂载式	1.设置在可移动的物品上。 2.采用无线通信的方式与后端系统连接,实现数据同步			1.运输业、存储中心、卖场等。 2.提供车队管理、货品动态追踪管理等作业

续表

种类	说明	外观	应用说明	应用领域
手持式	1. 较小型的移动设备,可手持操作,使用便利。 2. 通常与笔记本电脑、平板电脑、智能手机等结合。 3. 读取范围随人的移动范围增大而增大,无读取死角。 4. 价格比固定式读写器昂贵。 5. 通过电池提供电源,以无线通信的方式与后端系统进行通信	轻巧型	1. 固定于作业场所中,由作业人员手持读写器对商品进行一对一的标签读取作业。 2. 读取距离约为 50 cm	1. 快递业、卖场。 2. 提供盘点管理、物流管理、零售管理等作业
		携带型	1. 由作业人员携带至作业场所的任何位置,完成标签读取工作。 2. 读取距离约为 10 cm	

②电子标签。电子标签具有唯一的电子代码,可贴附在物体上以识别目标对象。电子标签包含天线、芯片及电力来源三部分(如图 3-21 所示),芯片用于储存数据,天线用于通信。

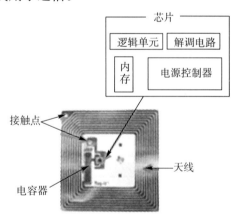

图 3-21　电子标签内部组件

标签的尺寸大小通常取决于天线。因为 RFID 芯片只需要米粒般大小的空间即可运作,但是天线为了能有效地接收射频信号并将其传送给读写器,必须有足够的体积。

标签内的芯片具有模拟信号—数字信号转换与记忆功能,包含四种主要组件,分别为逻辑单元、内存、电源控制器和解调电路。

远端的读取器传送射频电波给标签,天线接收到读写器传送过来的射频电波之后,再传送给解调电路和电源控制器。电源控制器将读写器传送过来的交流电转换成直流电,为其他元件提供电力来源。标签获得电力后,逻辑单元便会开始处理数据。处理完毕后,逻辑单元会将结果经解调电路解调之后,再通过天线回传给远端的读写器。远端的读写器收到标签的回应后,便将数据传送给后端的应用系统进行处理。

借助于电池提供电力进行通信的标签是有源标签,目前大部分标签为无源标签,只有当标签靠近读写器的时候才进行通信。当标签进入电场或磁场时,会获取足够的电量,将自己的信息传播出去。根据电力来源的不同,标签可分为被动式标签、半被动式标签和主动式标签三种。

被动式标签没有内部供电电源,其内部集成电路通过接收 RFID 读写器发出的电磁波进行驱动。当标签接收到足够强度的信号时,可以向读写器回传信导。由于被动式标签具有价格低廉、体积小巧、无需电源等优点,因此,目前市场所应用的 RFID 标签以被动式为主。被动式射频标签通过接收读写器发射出的电磁波获得能量,并回传相对应的反向散射信号至读写器。因在传播过程中有损耗,故标签的读取距离会受限制。

一般而言,被动式标签的天线有两种作用:接收读写器所发出的电磁波,以驱动标签内的 IC;标签回传信号时,需要利用天线的阻抗作信号的切换,才能产生 0 与 1 的数字变化。

半被动式标签的规格类似于被动式标签,只不过它多了一颗小型电池,电力恰好可以驱动标签内的 IC,若标签内的 IC 仅收到读写器所发出的微弱信号,标签还是有足够的电力将标签内的内存数据回传到读写器。这样的好处在于,半被动式标签的内建天线不会因读写器电磁波信号强弱的影响而无法执行任务,且具有足够的电力回传信号。相比较之下,半被动式标签比被动式标签在反应上速度更快、距离更远、效率更好。

与被动式标签和半被动式标签不同的是,主动式标签本身具有内部电源供应器,且可用以供应内部 IC 所需电源以产生对外的信号。一般来说,主动式标签拥有较长的读取距离,可容纳较大的内存容量,且可以用来储存读写器所传送来的一些附加信息。主动式标签又称为"有源标签",内建电池,可利用自有电力在标签周围形成有效活动区,主动感测周遭有无读写器发射的呼叫信号,并将自身的数据传送给读写器。

标签和读写器都在一个特定的频率上工作。就像收音机在特定的电台可以听、说一样,标签要想与读写器通信,也需要调到相同的频率上。依据标签使用的频率高低,标签可分为低频(Low Frequency,LF)标签、高频(High Frequency,HF)标签、超高频(Ultra High Frequency,UHF)标签和微波(Microwave,MW)标签,如表 3-3 所示。

表 3-3　标签的分类——使用频率

频率	优点	缺点	应用范围
低频 (9~135 kHz)	此频段在绝大多数的国家是开放的,不涉及法规开放和执照申请的问题	读取范围在 0.5 m 内	1. 畜牧或宠物的管理; 2. 门禁管理、防盗系统
高频 (13.56 MHz)	1. 高接受度的频段; 2. 在绝大多数的环境中都能正常运行	1. 在金属物品附近无法正常运作; 2. 读取范围在 1.5 m 左右	1. 图书馆管理; 2. 货物追踪; 3. 大楼识别证; 4. 航空行李卷标或电子机票
超高频 (300~1200 MHz)	1. 读取范围超过1.5 m; 2. 不易受天气影响	1. 频率太相近时会产生同频干扰; 2. 在阴湿的环境下会影响系统运作	1. 工厂的物料清点系统; 2. 卡车与拖车的追踪
微波 (2.45 GHz 或 5.8 GHz)	超过 1.5 m 的读取范围	1. 此频段在某些欧洲国家不允许作为商业用途; 2. 复杂的系统开发流程; 3. 在现今环境中没有广泛使用	高速公路收费系统

按读写方式可将标签分为只读(Read-Only,RO)标签、一写多读(Write Once Read Many,WORM)标签和可读写(Read/Write,RW)标签。

只读标签的内存信息在出厂时已被写死,用户只能读取而无法修改或写入任何数据和信息。通常应用于门禁管理、车辆管理、物流管理、动物管理等封闭场合。

对于一写多读标签,用户只能写入或修改标签内容一次,之后就等同于只读标签,只能被多次读取。通常应用于只需写入一次数据的生产流程当中,提供随时写入识别码的功能,并建立永久数据和信息。一写多读标签的成本较只读标签高,多用于资产管理、药品管理、危险品管理、军需品管理等。

用户可以在可读写标签的生命周期内,随时通过读写器重复写入或修改标签的内部信息。内部信息分为两个区域:一个是由用户定义的保密只读区,里面包含标签的识别码,只供用户写入一次;另一个是可重复读写区,用户可以自行编程。可读写标签的成本在三者中最高,常用于航空货运、行李管理、信用卡服务、出租车票等。

③天线。天线会依据不同频率来制造,主要用在电子标签和读写器间传递射频信号的装置上。被动式标签的内建天线可用以感应和产生射频无线电波,以收发数据。读写器的天线一般内含于读写器机盒内部;当读取距离较长,需要更大射频的无线电波能量时,天线会单独设置在外部。

④应用系统。应用系统包括中间件(Middleware)和后端系统,可以由一台或多台用于执行软件的服务器和数据库系统组成。

中间件介于前端硬件设备与后端应用系统间,用于信息传递,将信息从一个程序传送到另一个程序,是独立于 RFID 读写器与后端系统之间的间接软件。由于数据在传送时可采用异步的方式,因此传送者不必等待回应。中间件的主要功能包括数据管理、事件管理与后台应用系统数据配送等。

中间件具有传递数据、解释数据、安全传播数据、错误回复、定位网络资源、解释符合成本的路径、信息与要求的优先次序、提供除错工具等功能。

RFID 后端系统可结合数据库管理系统、电脑网络与防火墙等技术,提供全自动、安全便利的即时监控系统功能。相关应用包括航空行李监控、生产自动化管控、存储管理、运输监控、保全管制以及医疗管理等。

(2)常见的 RFID 标签。RFID 标签外观会根据不同的环境和应用场合以不同的大小和形状呈现,图 3-22 所示为常见的 RFID 标签。

表带型标签可应用于病人或婴儿的追踪及护理,也可应用于其他机构(如学校、办公室、体育中心等)作为 RFID 定位标签。

卡片型标签常应用于公交卡、电子票证、门禁出勤卡。日产汽车公司推出的 I-KEY,可以直接通过内嵌的 RIFD 电子标签对车子进行解锁,省去找钥匙开车的麻烦。

钥匙型标签通常用于门禁锁,方便识别出入人员的身份并进行记录。

试管型标签可用于实验室的溶液管理或药品管理,通过 RFID 记录可清楚知道里面的内容物。

钮扣型标签可用来进行定位标记,只要通过手持式读写器就能对位置信息进行确认。

电子标签可用于仓储物流管理、高速公路收费系统及门禁管理等。

智能标签是同时包含条形码及 RFID 电子标签的功能型标签。

货柜电子锁防止物品被盗取或偷窥,记录供应链点与点间的货柜开启信息,查验是否为非法破坏或数据是否被窜改。

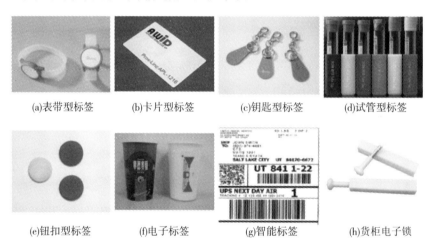

(a)表带型标签　　　(b)卡片型标签　　　(c)钥匙型标签　　　(d)试管型标签

(e)钮扣型标签　　　(f)电子标签　　　(g)智能标签　　　(h)货柜电子锁

图 3-22　常见的 RFID 标签

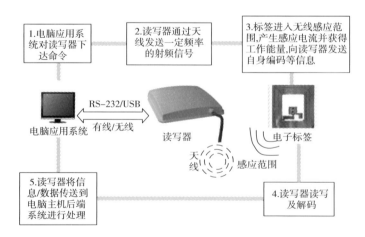

图 3-23　RFID 运作流程

(3)RFID 运作原理。RFID 的运作流程如图 3-23 所示,电脑应用系统对读写器下达命令,接着读写器通过天线发送出一定频率的射频信号。当电子标签进入无线感应范围时,产生感应电流并获得工作能量,然后利用工作能量发送出自身编码等信息,经读写器读写及解码后,送至电脑主机后端系统进行相关处理。

RFID 的通信原理是依据电场和磁场的变化来产生电能,可分为电磁感应及微波共振两种,说明如表 3-4 所示。

表 3-4　RFID 通信原理

种类	说明
电磁感应	当电流通过读写器的天线之后,会在天线周围产生磁场。此时 RFID 标签一旦切入该磁场,就会因为磁场的改变而产生感应电流,成为标签运作的电力来源。 传输距离较短,仅限于 0.1 m 以内,常见的非接触式的智能卡就是采用此原理。 主要为低频 RFID 和高频 RFID 所采用,工作频率为 13.56 MHz、135 kHz 以下
微波共振	1.读写器的天线分为正负两极,当通入电流足够时会产生电波,可使标签的天线因为共振的能量而产生电力。 2.传输距离长,可达 15 m,数据传输频宽较高,传输效果佳。 3.主要为超高频 RFID 和微波 RFID 所采用,工作频率为 433 MHz、915 MHz、2.45 GHz、5.8 GHz 等频带

3.3　NFC 技术

1. NFC 简介

近场通信(Near Field Communication,NFC)是时下最热门的技术话题之一。在这个连接日益密切、频繁的世界,此项简单、创新的技术可让您只需轻轻一点,就能与身边的事物安全互动。NFC 操作容易、快速又流畅,目前已有数百万的智能手机、平板电脑和其他消费电子产品搭载这项技术,而且几乎每天都有搭载 NFC 的新设备上市。而在物联网时代,NFC 将通过极致的安全与便利性,转换现有移动设备给用户带来动态体验,并催生出崭新的互动方式。无论是"智慧海报"、地点打卡标记,还是购票付款,都可以安全流畅地与移动设备互动。从简单的交换名片,到复杂的个性化交易、会员计划,甚至让设备自行指派任务和自行设定,NFC 已开创出无限全新可能。

NFC 是一种短距离的高频无线通信技术,允许电子设备之间进行非接触式点对点数据传输,在 0.1 m 内交换数据,由飞利浦和索尼共同研制开发,其基础是 RFID 及互联技术。NFC 提供更低频宽,成本更低,不需要供电,不需要事先与对方的设备匹配设定,整个通信过程仅仅是短距离的靠近,只要一秒就能完成传输与通信。NFC 架构中,最底层为无线射频层,可适用于各种不同的非接触 RFID 标签;最上层是根据各种不同应用而定义的应用模式层;而居于中间的则是各种数据格式与传输协定的规范标准。

2. NFC 标准

NFC 技术的被动模式传送距离约为 0.1 m,而主动模式传送距离可达 0.2 m,传送速率为 424 kbps,是 ISO/IEC 14443 规格的一种延伸技术,能兼容于 RFID 非接触式智能卡 Type A(Normal)、Type B(Banking/Short Range)与 Felica 等三类产品规格中。NFC 目前的标准有 ECMA-340、ECMA-352、ISO/IEC 18092 与 ISO/IEC 21481,这些标准详细定义了 NFC 装置无线射频的调制技术、编码技术、传输速率、帧结构、防碰撞机制与传输协议。NFC 技术论坛发布的数据交换格式称为 NDEF(NFC Data Exchange Format),可用来储存不同的对象,以便 NFC 装置与标签顺利交换数据与信息。NDEF 是一种二进制信息格式,可将任意大小、类型的应用层数据封装到一个简单的信息框架中。NDEF 信息由一个或多个 NDEF 记录所组成,组成信息的首尾记录分别被标记为信息开始与信息结束,记录本身不包含任何索引信息。用户端产生的应用层数据会先被 NDEF 产生器封装成多个记录,然后组成 NDEF 信息进行传送接收。由于 NDEF 解析器只能判断信息的架构是否符合规范,或该信息是否超出了处理能力,因此更复杂的错误处理与附加服务(如 QoS 等)只能由应用程序来完成。

3. NFC 的优势与特点

(1)NFC 的优势。与 RFID 一样,NFC 信息也是通过频谱中无线频率部分的电磁感应耦合方式传递,但两者之间仍存在很大的区别。首先,NFC 是一种能提供轻松、安全、迅速通信的无线通信技术,其传输范围比 RFID 小(超高频 RFID 的传输范围可以达几米,甚至几十米)。但由于 NFC 采取了独特的信号衰减技术，相比于 RFID，NFC 具有成本低、带宽高、能耗低等特点。其次，NFC 与现有非接触智能卡技术兼容，目前已经成为越来越多主要厂商支持的正式标准。再次，NFC 还是一种近距离连接协议，提供各种设备间轻松、安全、迅速而自动的通信。与无线世界中的其他连接方式相比，NFC 是一种近距离的私密通信方式。最后，RFID 被更多地应用在生产、物流、跟踪和资产管理方面，而 NFC 则在门禁、公交、手机支付等领域发挥着巨大的作用。

同时，NFC 还优于红外和蓝牙传输方式。作为一种面向消费者的交易机制，NFC 比红外更快、更可靠而且更简单。与蓝牙相比，NFC 面向近距离交易，适用于交换财务信息或敏感的个人信息等重要数据；而蓝牙能够弥补 NFC 通信距离不长的缺点，适用于较长距离数据通信。因此，NFC 和蓝牙互为补充，共同存在。事实上，快捷轻型的 NFC 协议可以用于引导两台设备之间的蓝牙配对过程，促进蓝牙的使用。

NFC 手机内置 NFC 芯片，组成 RFID 模块的一部分，可以作为 RFID 无源标签使用，用来支付费用；也可以作为 RFID 读写器使用，用于数据交换与采集。NFC 技术支持多种应用，包括移动支付与交易、对等式通信及移动中的信息访问等。通过 NFC 手机，人们可以在任何地点、任何时间，通过任何设备完成付款，获得所需服务。NFC 设备可以用作非接触式智能卡的读写器终端及设备对设备的数据传输链路，其应用主要可分为以下四种基本类型，分别为付款和购票、电子票证、智能媒体以及交换和传输数据等。

（2）NFC 的特点。

①兼容性。NFC 与恩智浦半导体的 MIFARE 及索尼的 Felica 免接触式智能卡平台完全兼容，因此内建 NFC 的装置可以读取这些卡片上的数据。此外，NFC 即使在关机的状态下，也能像免接触式卡片一样运作，和拥有大量基础建设的 MIFARE 与 Felica 系统完全兼容。这些经过实际验证的系统已经在市场上发行了数百万张卡片，为 NFC 装置的推广奠定了稳固的基础。

②安全性。将各种 NFC 应用与智能卡结合可提高其安全性。重要的机密资料与数据会一直储存在卡片中安全内存的某个区域，并且只能经由 NFC 装置授权，通过安全内存中的私密金钥加密。

③主动或被动运作模式。拥有 NFC 的装置可以在主动或被动模式下运作。一般的移动设备主要是以被动模式运作，可以大幅降低耗电量，并延长电池的续航力。主动式 NFC 装置可以通过内部产生的射频场提供被动装置通信时所需的所有电力。与非接触式智能卡的情况相同，它拥有相同的电力，以确保即使关掉移动设备的电源，仍可以正常进行数据的读取。

4. NFC 的应用

应用 NFC 技术的主要设备为手机产品。各大厂商先后加入 NFC 行列之后，NFC 的使用方法也层出不穷。我们可以归纳出 NFC 的五种基本应用情景。

①接触通过（Touch and Go）。如门禁管理、车票和门票等，用户将储存票证或门控密码的设备靠近读写器即可，也可用于物流管理。

②接触支付（Touch and Pay）。如非接触式移动支付，用户将设备靠近嵌有 NFC 模块的 POS 机可进行支付，并确认交易。

③接触连接（Touch and Connect）。把两个 NFC 设备相连接，可进行点对点（Peer-to-Peer）数据传输，如音乐下载、图片互传和通讯录交换等。

④接触浏览（Touch and Explore）。例如，用户可将 NFC 手机靠近有 NFC 功能的智慧海报，来浏览相关信息。

⑤下载接触（Load and Touch）。用户可通过 GPRS 网络接收或下载信息，用于实现支付或门禁等功能。如前所述，用户可通过发送特定格式的短信至家政服务员的手机，控制家政服务员进出住宅的权限。

目前 NFC 的应用领域如下所列。

①行动付款。Google 推出的 Google 钱包，通过 NFC 技术支持美国信用卡厂商 MasterCard 的 PayPass，推广小额付款。

②运输。整合车票至 NFC 芯片上，用户可以搭乘交通工具。

③数据传输与交换。例如，从装有 NFC 标签的海报、杂志上获得广告信息，从公交车站牌处获得时间表，将地图存入 NFC 手机，或将地标位置存入 NFC 手机（如停车位置）。各种 NFC 设备间可进行数据传输，例如，在计算机间交换名片信息，相机靠近打印机就可以打印出照片。

④票券。使用 NFC 手机购票，将各种票券存入 NFC 手机。

⑤启动其他服务。如大楼门禁、笔记本电脑上锁、启动无线通信等。

下文列举几项进行说明。

①户外交易。在可预见的未来,NFC 技术将搭载越来越多的应用平台,应用的方法和模式也会不断扩展,特别是手机领域。事实上,在不久的将来,NFC 技术将会出现在众多消费场所,如公交车站、加油站、地铁站、停车场、便利店、餐厅、超市、电影院、校园、出租车等。

②信息获取。利用 NFC 的点对点沟通模式,两个 NFC 装置达到所谓的零点击数据分享(0-Click Contact Sharing),让用户可以轻松地和别人分享任何显示在自己屏幕上的东西。用户通过 NFC 手机轻触海报,可以获得海报的网页信息。无论是网页、影片还是电话数据,所有的行为都由一个简单的感应动作触发,甚至当你得到对方分享的软件时,系统会自动帮你安装。对于商家来说,NFC 可以提供更多的商业信息传播服务,人们只要轻轻一点,就可以获取优惠券、网页内容、应用程序等,甚至可进展到接下来的商品交易行为。

③电子钱包。把手机当作电子钱包进行小额付款,以快速获取商品的系统将会越来越普及。以自动售货机为例,Google 与可口可乐在伦敦奥运会上合作,推出 NFC 售货机,如图 3-24 所示。在台湾地区,通过 NFC 技术,可以将捷运公司推行的悠游卡当作电子现金交易管道,消费者只要持悠游卡轻触感应区,就能消费、购物,这比以往携带零钱的方式更为方便。

5. NFC 工作模式

NFC 装置依照不同的角色,有以下三种基本连通模式。

(1)读写模式(Reader/Writer Mode),又称"主动模式",即利用一台 NFC 装置去读取并写入在 NFC 标签上预存的数据。可能的应用方式为从海报中内嵌的电子标签上读取文字或图片形式的优惠信息,取代 QR Code 功能。此时,启动 NFC 通信的设备称为"NFC 发起设备",而另一端则称为"NFC 目标设备"。在主动模式下,每台发起设备都能产生自己的射频场域,依照选定的传输速率传送初始命令。而 NFC 目标设备收到命令后,以自己所产生的射频场域用相同的传输速率回传给发起设备。读写模式主要应用于 PCD 通信模式或 VCD 通信模式。

图 3-24　Google 与可口可乐合作推出的 NFC 售货机

(2)卡片模拟模式(Card Emulation Mode),又称"被动模式",通过模拟多种实体卡片,如信用卡、门禁卡、悠游卡等,实现 NFC 装置支付或保全的功能。NFC 装置若要进行卡仿真(Card Emulation)相关应用,则必须内建具有安全组件(Security Element,SE)的 NFC 芯片。在被动模式下,发起设备需要产生射频场域,而目标设备只要使用负载调变(Load Modulation),即可以相同的速度将数据传回给发起设备。含有 NFC 的行动载具以被动模式为主,除了可以提升节能水平外,还能延长电池的寿命。卡片模拟模式主要应用于 PCD 通信模式或 VCD 通信模式。

(3)点对点模式(Peer-to-Peer Mode),即从一台 NFC 装置传送到另外一台 NFC 装置上,如 Google 的 Android Beam 及三星(Samsung)的 S Beam 就是利用此技术延伸出来的产品。此模式类似于红外线传输模式,可用于数据交换,虽然传输距离较短,但传输速度很快,功耗较低。该模式可以应用在音乐下载、图片交换或通讯录同步等领域。通过点对点模式,多个设备如数码相机、智能手机和个人计算机之间都可以交换数据或提供其他服务。点对点模式主要应用于 NFC 通信模式。

图 3-25 是两种 NFC 设备交换发起设备或目标设备角色的示意图。当NFC 设备一(NFC 发起设备)的模式设定为卡片模拟模式(被动模式)时,与其配对的另一台设备(NFC 目标设备)必须设定为读写模式(主动模式)。这

项功能可以让低电量的设备转换为目标设备,以节省电力。

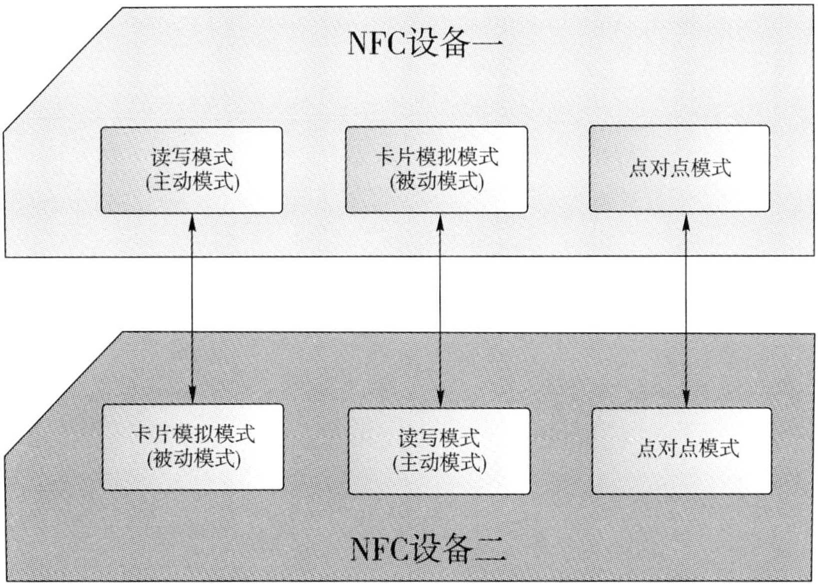

图 3-25　NFC 三种工作模式,两台 NFC 设备必须互相配合

6. NFC 技术与其他短域通信技术的比较

(1)Wi-Fi Direct(Wi-Fi 直连)。在无线局域网内通信,也就是在 Wi-Fi 设备之间通信,都必须经过路由器来传输。然而在理想的状态下,任意两个带有 Wi-Fi 功能的设备,都应该可以方便地进行互相连接,而不是必须经过路由器,这种点对点(Peer-to-Peer)的通信方式经过简化之后,即为目前新一代的通信标准。

最初,Wi-Fi 联盟制定了这个点对点的新标准,称为 Wi-Fi Peer-to-Peer,最终定名为 Wi-Fi Direct,面向各种 Wi-Fi 设备。从电脑到手机、电脑外端设备,再到家电等,符合该标准的设备无需热点和路由器,就可以方便地和其他设备实现直接连接、数据传输或应用共享。Wi-Fi Direct可以支持一对一直联,也可以实现多台设备同时连接;Wi-Fi Direct 标准支持所有的 Wi-Fi 设备,从 11a/b/g 至 11n,不同标准的 Wi-Fi 设备之间也可以直接互联。

Wi-Fi Direct 的缺点如下:

①能耗大,即使在 Direct 模式下,能耗也要比 BLE、NFC 高出十几倍。目前,Wi-Fi Direct 技术多应用于多屏投射和手机文件互传,应用场景仍然比

较有限。

②用户新进入一个环境时必须先连接设备,离开群体后也需要断开连接。

③目前,iPhone 并不支持 Wi-Fi Direct。

Wi-Fi Direct 的优点如下:

①Wi-Fi Direct 基于协议栈的演进,这意味着,在理想状态下(即 Wi-Fi 上层协议栈完全通过固件实现),现有的手机设备通过固件、软件升级就能实现这一功能,而 NFC、BLE 必须要求硬件支持。从短期来看,Wi-Fi Direct 是最有可能在各个版本手机上实现的高速点对点通信技术。

②Wi-Fi Direct 具有 WPA2 的安全性能。

③Wi-Fi Direct 基于 IP 服务,能很自然地实现和其他所有基于 IP 设备的互操作。

④通信服务范围更大(可以达到两个足球场大小)。

⑤传输速率更高,可达 250 Mbps。

⑥支持所有现有的具备 Wi-Fi 功能的设备。

图 3-26　Wi-Fi Direct 连接标志　　　图 3-27　Bluetooth Low Energy 标志

(2)蓝牙。NFC 和蓝牙都是短程通信技术,而且都可以被整合到手机上。但 NFC 不需要复杂的设定程序,同时 NFC 也可以简化蓝牙连接,因此,以目前的观点来说,NFC 略胜蓝牙一筹。另外,NFC 优于蓝牙的地方还在于设定程序用时较短,但是 NFC 无法达到低功率蓝牙(BLE,Bluetooth Low Energy)的传输速率。若在两台相互连接的 NFC 设备识别过程中使用 NFC 来替代人工设置,会使建立连接的速度大大加快,甚至会少于十分之一秒。NFC 的最大数据传输速率为 424 kbps,远小于蓝牙 V2.1 的速率(2.1 Mbps),且传输距离(小于 20 cm)小于蓝牙的传输距离,但相对来说可以减少不必要的通信干扰,这让 NFC 特别适用于设备密集且传输困难的情况。相对于蓝牙,NFC 兼容于现有的被动 RFID(13.56 MHz ISO/IEC 18000-3)设施,且能量需求更低,与蓝牙 V4.0 低功耗协议类似。当 NFC 在一台无动力的设备(比如一台关机的手机、非接触式智能信用卡或智能海报)上工作时,其能量消耗要大于低功耗蓝牙 V4.0。

因此,对于手机或移动消费性电子产品来说,NFC 的使用确实比较方便。NFC 的短距离通信特性正是其优点,由于耗电量低,一次只和一台机器连接,拥有较高的保密性与安全性,可避免信用卡交易时被盗用。

随着物联网的普及,手机作为物联网最直接的智能终端设备,必将引起一场技术上的革命。如同以前蓝牙、USB、GPS 等技术一样,NFC 技术势必将成为日后手机最重要的标准配置。通过 NFC 技术,手机付款、电子钱包、看电影、坐地铁等都能轻松在手边实现。NFC 技术也将在我们的日常生活中发挥更大的作用。

本章以轻松的方式带领各位读者进入 NFC 的应用领域,再带着各位认识 NFC 的标准原理、标签以及应用等。了解 RFID 和 NFC 的基本概念后,对于物联网的感知层技术势必有一番新的体验和感想。

第4章　物联网感知层的感知技术

感知层是物联网发展的基础,它针对各种不同的环境或人的行为与生理状态进行感测与监控,以收集许多不同的信息。感知层中包含了多种具有感知、识别及通信能力的设备,如 RFID 标签及读写器、GPS、图像处理器以及温度、湿度、红外线、亮度、压力、音量等各种传感器。设备先利用感知能力从环境中收集数据,接着再彼此相互通信,将不同的数据聚合,最后将信息传至网络层,使人与物或物与物之间产生连接与互动。

目前已经有许多感知层方面的应用。例如,具有二氧化碳感测能力的传感器,常被部署于市区街道或工厂中,用以检测该区车辆或烟囱的二氧化碳排放量;具有音量感测能力的传感器常布建于建筑工地附近,用以评估工地所制造的噪音;具有视觉感测能力的传感器则布建于暗巷或楼梯间,用以防范可疑人士;压力传感器可嵌入鞋内,用以了解居家老人每日的步数,且可对老人进行室内定位,了解老人目前在家中的位置。

感知层类似人体结构中的五官或皮肤,可以感知世界上有形或无形的事物,并将感测到的信息转为数字信号,通过网络层传递至应用层。我们将在本章中介绍感知层的主要感测技术。

4.1　传感器简介

传感器是一种物理装置,能够探测、感受外界的信号、物理条件(如光、热、湿度)或化学组成(如烟雾),并将感测的信息传递给其他装置。传感器在《韦氏大词典》中的定义为:从一个系统接受功率,通常以另一种形式将功率送到第二个系统中的器件。根据这个定义,传感器的作用是将一种能量转换成另一种形式的能量,所以不少学者也将"传感器(Sensor)"称为"换能器(Transducer)"。传感器犹如人体的皮肤感测神经,探索着环境剧烈的变化,将这些信息通过各种各样的接口传达给人们,人们在与这些接口接触时便能加速其对环境的适应。以下我们通过传感器架构来了解每个模块是如何运作的。

传感器因有许多模块分工合作才能完成感测工作,其主要架构分为五大模块:微处理器、存储模块、感测模块、通信模块和供电模块,如图4-1示。以下将一一介绍各模块的工作内容与类型。

| 微处理器 | 存储模块 | 感测模块 | 通信模块 | 供电模块 |

图 4-1　传感器主要架构

1. 微处理器

微处理器是传感器的运算核心,就像人类的大脑。大部分的运算、控制和管理工作都由微处理器负责,若失去微处理器,则传感器无法完成任何感测工作或任务。微处理器必须拥有较低的能源消耗,才能使传感器保持较长的生命周期。目前国内常用在传感器上的微处理器有 8051、Arduino 及 ARM 等,它们都有体积小、耗能低、成本低的特性,广受大众喜爱。以下分别进行简单介绍。

(1)8051。8051 是一种 8 位的单芯片微处理器,属于 MCS-51 单芯片的一种,由英特尔公司于 1981 年制造。目前有很多 IC 设计商,如 Atmel、飞利浦、华邦等公司,相继开发了功能更多、更强大的兼容产品。8051 能够以很小的体积完成自动控制作业,如感测信号的撷取、循序控制等。单芯片具备成本低、电路简单、体积小与耗电低等优点,目前在业界的应用极为广泛。比如要控制一个电机,不需要使用一台计算机,只要一颗单芯片加上驱动电路就可以了。

图 4-2　8051 **单芯片**

（2）Arduino。Arduino 是一个开放源代码的单芯片微处理器。它使用 Atmel AVR 单片机,采用基于开放源代码的软硬件平台,建构于简易输入/输出(Simple I/O)接口板,并且具有类似 Java、C 语言的 Processing/Wiring 开发环境。Arduino 可简单地与传感器和各种各样的电子组件连接,如红外线、超声波、热敏电阻、光敏电阻、伺服电机、开关、LED、步进电机等;亦可使用 Arduino 语言与 Macromedia Flash、Processing、Max/MSP、Pure Data 或 SuperCollider 等软件结合,制作互动作品。

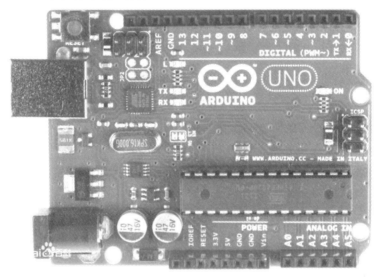

图 4-3　Arduino **单芯片**

（3）ARM。ARM 是 32 位处理器的核心,与 8051 及 Arduino 相比,ARM 具有更快的处理速度和更强大的运算能力。ARM 是介于 8051 和计算器之间的中层产品。ARM 微处理器已被广泛应用于嵌入式系统中。由于它具有强大的运算能力与节能优势,ARM 微处理器非常适用于多媒体相关产品的开发以及移动通信领域,且符合其主要设计目标,即低成本、高效能、低耗电等。

图 4-4　ARM 微处理器

2. 存储模块

存储模块在传感器中的主要工作是储存程序代码和感测数据。若没有存储模块,则传感器将无法对其所感测的信息进行运算、处理、储存和传送。其中,储存程序代码主要是存放传感器所需的程序或运算指令,让传感器能够知道确切的工作内容与相关的工作细则;而储存感测数据则是将传感器感测到的信息存放于传感器中,使后续的信息运算、处理或传送能够顺利进行。如表 4-1 所示,我们以表格的形式列举了国内几种常见传感器的随机存取内存 RAM(Random Access Memory)及只读内存 ROM(Read Only Memory)的数据。

表 4-1　常见传感器的内存大小

	Octopus II	OctopusX	台大平台	MicaZ	ECO node	TELOSB	IRIS
RAM	2 kB	8 kB	2 kB	4 kB	4 kB	10 kB	8 kB
ROM	1 MB	2 MB	60 kB	512 kB	32 kB	1 MB	512 kB

3. 感测模块

感测模块可将实体世界的各种信息转换成数字信号,便于后续的处理与应用。由于现实世界中充满着各种各样的信息,如温度、压力、质量、距离、速度、光强度、气体浓度、颜色、音量、心跳、血压等,因此感测模块的种类也相当丰富,如图 4-5 所示。以下我们将介绍常见的感测模块元件类型。

GPS

超声波传感器

CO$_2$传感器

循线传感器

音量传感器

温湿度传感器

震动传感器

压力传感器

三轴加速度计

移动传感器

电子罗盘

陀螺仪

CCD

红外线传感器

气压传感器

色彩传感器

图 4-5　多种多样的感测模块元件

(1)红外线传感器。红外线传感器(Infrared Sensor)本身不会发射红外线,而是通过物体本身的热源变化触发感测模块。此传感器常应用于智能灯控。由于人体会散发热源,因而传感器可以通过感测热源使微处理器打开室内电灯。当热源离开一段时间后,因失去热源,微处理器将会关闭电灯。

(2)超声波传感器。超声波传感器(Ultrasonic Sensor)上有发射及接收端,该传感器可周期性地发射声波,声波遇到物体阻碍时会反弹至传感器上的接收端,通过声波反射的时间差就可以计算出传感器与物体之间的距离。因此,超声波传感器可用于感测前方物体,保持安全车距。

(3)三轴加速度计。三轴加速度计(Triple Axis Accelerometer)可以测量运动状态下三轴(X、Y、Z)空间产生的重力加速度,如图 4-6 所示。我们可通过三轴加速度计感测三维空间的变动,并加以应用。例如热门游戏机 Wii 即通过此传感器感测挥动的方向及速度。此传感器也可置于人体上,用于监测走路、跑步、爬楼梯等姿态,可帮助调整体态,保持身心健康。此外,可通过感测人体是否有不正常晃动,判断其是否跌倒。

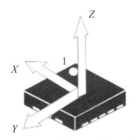

图 4-6　三轴加速度计示意图

（4）压力传感器。压力传感器（Pressure Sensor）有两片板，当施压于两板时，可以通过电阻的变化测得压力值。因此，利用压力感测模块，我们可以制作简易的电子体重计。此模块也可用于感测走路姿势，通过几条压力感测组件，便可以了解每个人走路时脚底压力的分布。此外，也可将压力传感器装置于车体周围，当车体发生碰撞时，该传感器可实时提供信息给车主，让车主立即作出适当处理。

（5）温湿度传感器。温湿度传感器（Temperature and Humidity Sensor）可以感测环境的温度及湿度。此传感器的应用相当普遍，如通过感测室内的温湿度，调节冷气的温度，以达到省电的目的。此外，温湿度传感器也可应用于花园中，与自动洒水系统连接，通过设定参数保持土壤湿度。例如，当土壤湿度低于 20% 时，即启动洒水系统，适时给花草树木补充适当的水量。

（6）电子罗盘。电子罗盘（Electronic Compass）可以感测环境的磁场方向。可以把此传感器想象成一个指北针，装上此感测模块的传感器将具有简易的辨别方位的能力。电子罗盘可应用于智能手机上。当有人在山里或海上迷失方向时，它能提供非常大的帮助。

（7）陀螺仪。陀螺仪（Gyroscope）具有感测与维持方向的能力，因此常用在飞机及船只上。陀螺仪可装置于桥墩上，通过实时感测信息，监测桥墩是否有倾斜的迹象，避免灾难发生。同时，陀螺仪可应用于飞机上，用于维持它们在空中的平衡。

（8）音量传感器。音量传感器（Sound Sensor）具有将声音转换成电信号的能力，因此，通过此传感器能感测环境周遭的噪音污染。音量传感器也可用于检测汽车噪音是否能够通过环保部门的噪音标准。该传感器一般也可置于动物园内对于噪音较敏感的动物附近，感测民众的噪音是否超过动物可接受的范围,当有噪音污染时,及时提醒民众降低音量。

(9)CO、CO_2 传感器。此传感器主要用于感测环境中相应气体的浓度,常用于火灾浓烟探测和环境空气质量监控。

(10)光敏电阻。光敏电阻(Photoresistor)是相当常见的电子材料,由于它会因光线的强弱而改变其电阻值,因此时常被拿来当作亮度传感器使用。光敏电阻可应用于智能家庭中的智能窗帘,当亮度高时,会自动关上窗帘。

(11)震动传感器。震动传感器(Piezo Film Vibra)通常用于开关或震动的感测,可应用于警告系统。该传感器可用在窗户玻璃上,当震动程度足以造成玻璃破裂时,可及时警告附近民众,避免造成伤亡。该传感器亦可应用于需小心轻放的货品上,当震动程度过高时,及时提醒送货员,可避免货品受损。

(12)移动侦测器。移动侦测器(Motion Detector)是利用安全微波,并且利用杜普勒效应的原理感测物体的移动,因此它时常被应用于安保领域。它不仅可以感测室内的移动,也可以用于隔墙的运动感测。

4. 通信模块

为了使感测模块所感测的数据能够往外传送给数据集中站使用,传感器上必须拥有无线通信模块,亦称为"无线电收发器"。通信模块的主要工作在于节点之间的数据传送与接收,常见的通信模块有 ZigBee、Wi-Fi、蓝牙、IrDA 等无线通信技术。

为了整合不同的硬件模块,传感器模块间必须通过传输接口才可以成功交换数据。常见的通信接口有 UART(Universal Asynchronous Receiver/Transmitter,通用异步收发传输器)、SPI(Serial Peripheral Interface,串行外设接口)及 I²C (Inter-Integrated Circuit,集成线路接口)三种。以下我们将分别介绍这三种常见的通信接口。

(1)UART。微处理器上通常都会有一至两组 UART 接口,设计者只需要了解该微处理器的 UART 使用方式,便可以简单地通过此接口下达命令至数字模块。一组 UART 通常有 TX 及 RX,在实际操作中我们必须将微处理器及数字模块上的 TX 及 RX 交错相接,才能实现通信的功能。

(2)SPI。此通信接口有主(Master)从(Slave)架构,通常以具有微处理器的传感器为主,以数字感测模块为辅。SPI 也提供单一微处理器控制多个数字感测模块的功能,微处理器只需多加定义引脚 SS(Slave Select),即可控制多个数字感测模块。

(3)I²C。I²C 由飞利浦公司开发,亦有主从架构。由于制作 I²C 感测模块的厂商都需向飞利浦公司购买该感测模块的从属装置地址,因此属于 I²C 的感测模块都有自己的从属装置地址。微处理器只需使用两个 I/O 引脚位便能达成一对多的控制,分别为 SDA(Serial Data)和 SCL(Serial Clock)。

5. 供电模块

为了使以上介绍的四个模块能够顺利运作,并且确保其维持较长时间的运作,传感器中最后一项必要的模块为供电模块。供电模块需尽可能长时间地提供稳定的能源供传感器使用,因此需要具备以下特点:长寿命(Long Shelf Live)、低自放电(Low Self-Discharge)、电压稳定(Voltage Stability)、低成本(Smallest Cost)、高蓄电容量(High Capacity/Volume)、低电流下可有效率地充电(Efficient Recharging at Low Current)、较短的充电时间(Shorter Recharge Time)。如图 4-7 所示,常见的供电模块有水银电池、镍氢电池、锂电池与太阳能电池四种。

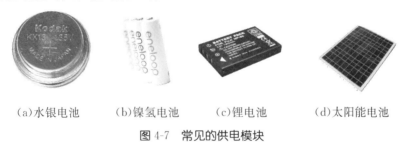

　　(a)水银电池　　　(b)镍氢电池　　　(c)锂电池　　　(d)太阳能电池

图 4-7　常见的供电模块

4.2　ZigBee 传感器通信技术

近年来,随着网络与通信技术的创新及微机电与嵌入式技术的进步,ZigBee 的相关应用逐渐受到人们的关注。ZigBee 是一种运作于无线传感器网络的低耗能无线通信技术。日常生活中的许多设备,如智能插座、智能电表、心率监测仪、血压计、跑步机等,已内嵌 ZigBee 无线通信技术,可将用电信息、生理数据或运动信息实时地以无线传输方式加以收集。ZigBee 使用多种可靠的传输方式,可与 IEEE 802.11(Wi-Fi)、蓝牙共同使用 2.4 GHz 频带,有效传输范围为10~50 m,支持最高传输数据为 250 kbps;ZigBee 的底层则采用 IEEE 802.15.4 所规范的媒体访问控制层(MAC Layer)与物理层(Physical Layer)。ZigBee 具有低功耗、低成本、支持大量网络节点、支持多种网络拓扑、低复杂度、可靠、安全等特性。

在 ZigBee 网络中,通信装置可以是简化功能装置(Reduced-Function Device,RFD)或全功能装置(Full-Function Device,FFD)。全功能装置具有较强的计算能力和完整的功能,且功能并无设限,可应用于任何网络拓扑,与其他任何装置通信,因此可视为一个网络协调器(PAN Coordinator);而简化功能装置则不能视为网络协调器,且通常仅和一个全功能装置通信,但是简化功能装置在实际操作中很简便且价格较便宜。处于同一空间内的两个或两个以上的 ZigBee 装置会自动构成一个无线个人局域网络(Wireless Personal Area Network,WPAN),但是在一个网络中,必须包含至少一个全功能装置,以作为个人局域网络协调器。在一个个人局域网络中,只有全功能装置有资格通过竞争成为 ZigBee 的协调器。

ZigBee 网络支持星状、网状和丛集树状三种拓扑架构,如图 4-8 所示。星状拓扑由其中一个全功能装置担当网络协调器,负责启动网络并维护网络上的设备,所有其他设备都是终端设备,直接与协调器通信。而网状拓扑中,ZigBee 协调器负责启动网络及选择关键的网络参数,网络可通过 ZigBee 路由器进行扩展。从集树状拓扑为星状拓扑与网状拓扑的组合。

根据的网络拓扑结构的不同,各装置间的数据传输可以分成两种模式,分别为信标模式(Beacon Mode)和非信标模式(Non-Beacon Mode)。在非信标模式中,可直接使用类似于 IEEE 802.11 的载频侦测(Carrier Sense Multiple Access-Collision Avoidance,CSMA-CA)协议,避免传输碰撞。在信标模式中,每个网络的协调器会定义一个超帧结构,并将整个网络的时间轴切分成多个连续不中断的超帧,借此来管理整个网络的资源。如图 4-9 所示,超帧的时间长度就是协调器所发出信标的时间间隔(Beacon Interval)。信标帧在每个超帧的第一个时槽中传送。信标帧具有多重目的,包括装置的时间同步、宣告个人局域网络(PAN)的存在、通知网络中的其他节点有封包暂存于网络协调器、宣告特定装置的保证传输时间以及告知超帧的整体结构。

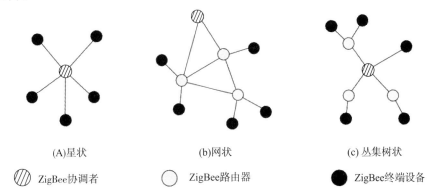

(A)星状　　　　　　(b)网状　　　　　　(c)丛集树状

ZigBee协调者　　　ZigBee路由器　　　ZigBee终端设备

图 4-8　ZigBee 支持的网络拓扑架构

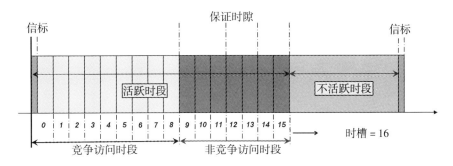

图 4-9　ZigBee 协议的超帧结构示意图

超帧可分为活跃时段(Active Portion)与不活跃时段(Inactive Portion)，其中活跃时段又可以再细分为 16 个大小相同的时槽,而这 16 个时槽又可以分为竞争访问时段(Contention-Access Period，CAP)和非竞争访问时段(Contention-Free Period，CFP)。协调器只在活跃时段和个人局域网络中的装置互相收送数据,而在不活跃时段则进入休眠状态,以减少电力消耗。对于协调器以外的装置来说,当它们没有数据要传送时,可以在接收到信标后进入省电模式,以此达到低耗能的目的;当它们欲传输数据时,需要在竞争访问时段与协调器沟通,而且必须使用时槽型的 CSMA-CA 机制来争取传送的机会。相反,当协调器有数据要传输给任意装置时,协调器会在信标中公告接收名单,让欲接收的装置在竞争访问时段争取接收的机会。

非竞争访问时段则是为有特别传输需求的装置提供的时段,例如,有 QoS 需求的传输对,即为在限定的时间内必须保证有一定的传输数据量。在此种情况下，若依然在竞争访问时段争取传输机会，对传输质量要求较高的设备显然无法保证每次都可以达到需要的传输量。因此，设计非竞争访问时段就是为了保证此类有特殊需求的装置在每次超帧中都能够有一定的时间传输数据。协调器在非竞争访问时段分配给任一装置的保证时间称为一段保证时隙(Guaranteed Time slot，GTS)，此类传输只能发生于协调器与装置之间，且最多只能分配七个时槽作为GTS(在活跃时段中)。

ZigBee 的应用非常广泛，如智能电网(Intelligent Power Grid)、智慧医疗与健康照护(Intelligent Medicine and Healthcare)和智慧生活(Smart Life)等。这些应用主要通过结合各种不同的智能终端，提升人类的生活质量，让人类的生活更加有保障。例如，在衣服中嵌入可感测人体生命体征(如心跳、血糖或血压)的生理感应芯片，并通过 ZigBee 低耗能通信技术将生理信息传到网络上，可让衣服成为智慧医疗与照护中的智能对象，用以感测病人及老年人的生命体征有无异常。由于 ZigBee 技术可有效地对机器、设备及人员的状态进行控制、监控与查询，因此，ZigBee 技术在近期已受到世界各国的关注。各国均视其为具有无限潜在商机的高新科技，并投入大量的资源进行相关研发与推广。

4.3 传感器应用

传感器在我们生活中的应用已经相当普遍。为了使读者能够更完整地了解传感器的概念，我们将介绍生活中传感器的相关应用。

1. 单一传感器应用

(1)红外线传感器。红外线传感器是我们日常生活中相当常见的传感器。如图 4-10 所示，包括夜间自动照明装置、自动门、自动给水的水龙头以及自动冲水的厕所，这些都是红外线传感器在我们生活中的常见应用。

(2)超声波测距传感器。超声波测距传感器目前广泛应用于倒车提醒以及建筑工地、工业现场等的距离测量等，测量的距离可达百米，且测量的精度最高可达 1 mm，已足以应付相当多的测距应用，如图 4-11 所示。超声波测距传感器的应用以倒车提醒最为常见，通过安装超声波测距传感器，可在倒车时感测汽车与后方物体的距离，使倒车更加安全与便利。

图 4-10　红外线传感器的应用

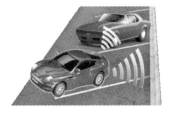

图 4-11　超声波传感器辅助倒车

（3）压力传感器。压力传感器目前较多应用于专业领域中，如鞋垫中安装压力传感器，借此了解使用者走路时的姿势是否正确，压力是否平均分散于脚掌上。此外，压力传感器亦可用于互动艺术领域。如图 4-12 所示，瑞典斯

图 4-12　瑞典地铁音乐楼梯

德哥尔摩地铁的音乐楼梯是将压力传感器安装在台阶中，当旅客踩在不同的台阶上时，会发出不同的音阶，让走楼梯的旅客彼此能够有趣地互动。

（4）温湿度传感器。温湿度传感器普遍应用于空调和除湿机中，如图 4-13 所示，用于感测环境的温度和湿度。根据温湿度传感器感测到的环境信息，空调和除湿机可判断并调整运行的模式（降温、除湿）。此外，温湿度传感器亦广泛应用在农业中，只要将此传感器插入土壤中，便可感测阳光、空气湿度及土壤质量等信息。根据感测数据，结合园艺专家的经验，可提出适宜种植的花卉、水果以及最佳的培育方式，使人人都能成为一流的园艺专家。

图 4-13　智能空调、智能除湿机和农业温湿度监测系统

（5）光敏电阻。光敏电阻可以侦测环境周遭的亮光。如图 4-14 所示，路灯几乎都会安装类似传感器来感测环境亮度，判断是否需要照明。这种路灯既智能，又节省人力成本。近年来汽车的车灯也安装了类似的传感器，只要到阴天或夜晚，传感器会自动打开车灯，避免驾驶员因忘记开车灯而造成危险。

图 4-14　自动路灯照明、汽车车灯自动照明

（6）电子罗盘。此传感器可判断方位，犹如传统的指南针，用在手表、手机或导航系统中时，可用来指引方向，如图 4-15 所示。若用在数字相机中，可让用户轻松记录影像拍摄时相机所面对的方位。

图 4-15　电子罗盘用于方向指引

（7）陀螺仪。此传感器具有感测与维持方向的能力，因此常用在飞机及船只上，主要用于维持平衡。如图 4-16 所示，陀螺仪用在遥控直升机中，可自动修正飞行平稳姿态，使飞行更加平稳；用在投影机中，可自动侦测摆放角度并进行梯形校正与画面调整；用在遥控器中，可感测手腕位置及手势。

图 4-16　陀螺仪用于平衡维持、手势感测

（8）震动传感器。此传感器可以感测极微小的震动。如图 4-17 所示，震动传感器可用在洗衣机中，以调整转速，避免因过大的震动而产生噪音；亦可用在玻璃破碎报警器中，用于感测玻璃或窗户是否被敲碎，借此判断是否有人入侵。

图 4-17　震动传感器用于洗衣机转速调整、玻璃破碎感测

2. 无线传感器网络应用

无线传感器网络是由许多具有无线传输能力的传感器所构成的网络系统，传感器间能够以无线的方式进行通信，并且自动快速地形成网络。每个传感器也可对环境中我们所感兴趣的事物（如温度、光源等）进行感测，并对

所收集的数据进行简单运算处理，通过无线传输装置，将数据经由多步的转送回传给数据收集器。人们可以根据数据收集器所收集的数据了解环境的状态。因此，其应用范围也更加广泛，如安全监控、环境监测、健康照护、农业、军事、工业、艺术、娱乐等，都是无线传感器网络的应用范畴。以下将介绍一些无线感测网络的应用。

(1)安全监控。以往当火灾发生时，人们常常因为受到惊吓而不知道该往哪逃生。曾煜棋教授利用无线传感器网络建立了"紧急危难导引系统"，通过温度传感器可以感测出高温危险区域，引导人们在火灾现场往正确的出口逃生，并反馈火灾现场信息给消防营救人员，如图4-18所示。

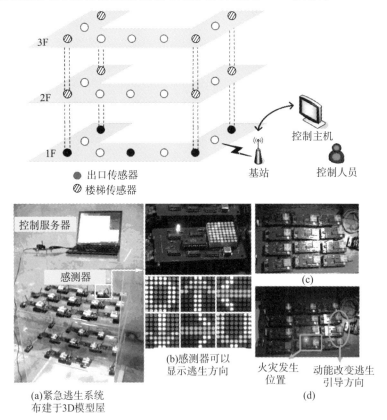

图4-18 火灾逃生指引系统

无线传感器网络可用于感测地震或火山爆发时地表的震动，借助震动传感器就可以知道地表有没有震动。如果有震动，这些传感器就会将事件发生

的地点回传到基站(Base Station),通知居民以达到预警效果,如图 4-19
所示。

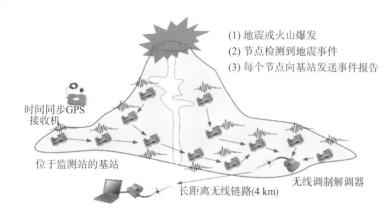

(1) 地震或火山爆发
(2) 节点检测到地震事件
(3) 每个节点向基站发送事件报告

时间同步GPS
接收机

位于监测站的基站

无线调制解调器

长距离无线链路(4 km)

图 4-19　地震或火山爆发监测

(2)环境监测。在环境监测方面,无线传感器网络可应用于冰河监测系
统。该网络由压力传感器、温度传感器和方向传感器组成,通过基站收集数
据并回传至监控系统进行运算处理,借此感测冰河位移情形,如图 4-20
所示。

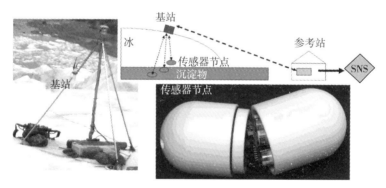

基站

冰

传感器节点

沉淀物

参考站

SNS

基站

传感器节点

图 4-20　冰河监测系统

无线传感器网络亦可应用于野外生态感测,对环境的温度、湿度、日照、
水温、pH 以及影像摄影等信息进行实时的监测,如图 4-21 所示。对保护区
内的环境做长时间的连续数据收集并存入后端数据库中,根据影像摄影信息
可了解保护区内动物的活动动态以及植物的健康生长状况在不同时间与季
节内的变化。

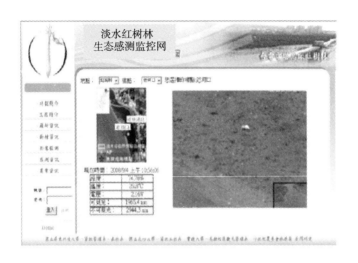

图 4-21　生态感测监控网

无线传感器网络的环境监测不仅可应用于陆地上，也可应用于水底世界。在水底架设无线传感器网络，对海底火山及火山活动、鱼群分布、海洋生物活动、沉积形貌、海底搜查，甚至海底油矿等资源的调查和研究相当有帮助。但与陆地上不同的是，水下是用声呐传感器来进行无线数据传输，如图4-22 所示。

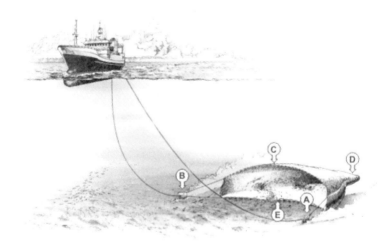

图 4-22　水下声呐传感器监测系统

(3)健康照护。用户可通过吞食微小型无线传感器，在家中测量生理信号,并将测量结果通过无线方式传送并暂时储存于家庭主机中,如图 4-23 所示。每日固定时间将数据上传至云端数据库作储存与分析,远程的健康照护专业人员凭借长期积累的健康数据,评估受测者生理变化的趋势以及异常状态发生的风险。用户、家人或照护人员可以利用手机、平板电脑、计算机等能够连上互联网的设备查询用户的生理状态数据。

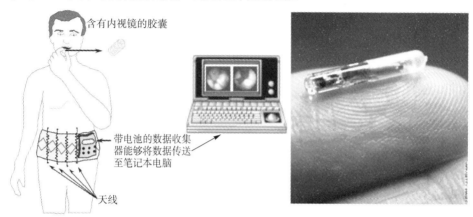

图 4-23　健康状态监控 1

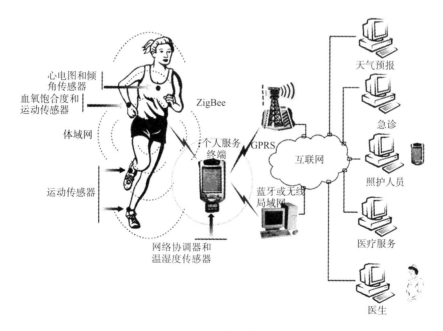

图 4-24　健康状态监控 2

假设场景中有人在跑步,其身上配备了许多传感器(如可监测心电图、血氧饱和度和实时位置信息的传感器),这些传感器可以将身体的信息传至个人智能手机,然后传送到后端网络中,如图 4-24 所示。当有突发状况时,如血糖过低,可提醒用户少跑几圈;当跑步姿势不正确时,可提醒用户注意跑步姿势,避免运动伤害;当脚踝角度异常时,可提醒用户尽快休息,避免过度疲劳;当身体的某些信息达到不良标准时(如心跳突然变快),后端的医护人员可以提醒用户停止跑步或服用药物控制。

(4)农业应用。通过无线传感器网络能够自动给草皮洒水,图 4-25 所示为 Digital Sun 公司开发的"S. Sense Wireless Sensor"。它是一套自动化无线感测系统,能够在没有人员管理与控制的情况下,有效率且全自动地管理花园内洒水的工作。该系统是将数个传感器埋设在土壤中,并将基站安装在花园的中心或墙边,让传感器与基站之间能够借无线网络传送信息。感测的数据主要是土壤的湿度与土壤中所含水分的饱和度,可通过无线网络传回至基站。基站中包含数据运算设备,能够根据土壤的湿度来决定何时必须洒水,并且随时控制洒水量。

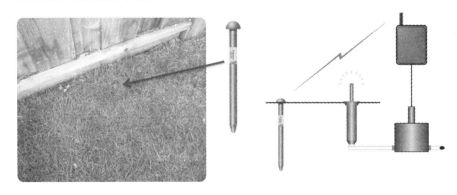

图 4-25　土壤状态监控

(5)军事应用。在军事应用方面,无线传感器网络可用于国家边界监控。举例而言,当有偷渡者自一国边界进入另一国时,便能利用传感器,将探测到的进入者信息及其影像反馈至控制中心。

此外,无线传感器网络还可应用于战场,可让士兵在传感器的协助与提醒下,执行较危险的工作,如拆除炸弹、地雷,探测毒气、高温区、辐射区,判断武器或敌人位置等。

图 4-26　无线传感器网络应用于战场

4.4　无线传感器网络的路由技术

无线传感器网络中的传感器通常包含感测装置、无线电收送装置以及电源装置。感测装置可用来感测环境信息或突发的事件；无线电收送装置则是在两个传感器之间（彼此的通信范围内）直接传递数据封包，但若距离太远，则须靠其他邻近的节点来代传，以达成间接的通信。如图 4-27 所示，在感测区域中，当任一传感器感测到事先定义好的事件（白色传感器）时，必须将感测数据传送至基站。在传递的过程中，传感器需要用一步或多重跳跃代传机制（Multiple-Hop Relay）建立网络路由（Routing）来完成数据的回传，以确保整个感测区域内的感测数据均可顺利传达到基站。

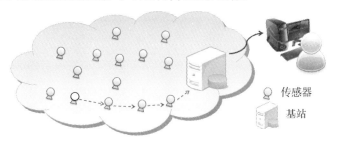

传感器

基站

图 4-27　无线传感器网络中的多重跳跃代传机制

在无线传感器网络的网络层中，最主要的目标就是要设计一个从传感器传送到基站的路由协议。由于传感器大多数是随意散布在监控环境内的，并无事先路由规划，因此无线传感器网络的路由技术必须有自我组织的能力。

换句话说,相邻的传感器之间只能通过交换简单的信息来判断如何传递数据,通过有效与可靠的路由传输技术,整个网络的生命周期可延伸到最大。以下将进一步讨论无线传感器网络的路由协议。

1. 具有位置知觉(Location Aware)的路由技术

与无线传感器网络架构最相近的就是无线自组织网络(Wireless Ad Hoc Network),二者都是无固定结构的网络,通常会通过泛洪(Flooding)的方式建立路径,建立路径的封包将传遍整个网络的每一节点,再由目的节点来反向建立一条最佳的路径,之后便依循这条路径来传送数据。然而,无线传感器网络与无线自组织网络仍有许多不同点。首先,无线传感器网络的传感器大多具有位置信息,路径的建立不需要泛洪,可依据邻近节点与目的节点的位置信息来建立。其次,无线传感器网络每次传送的数据量较少,通常只是感测信息或事件信息,对一个源节点而言,通常不会有续传的大量数据,因此,若耗费大量的通信成本来建立路径,则不符合成本效益的要求。

在众多具有位置知觉的路由协议中,最常见的路由协议为贪婪周边无状态路由(Greedy Perimeter Stateless Routing,GPSR)协议。其主要概念是着重选择离基站距离最短或跳跃次数最少的节点作为下一步的转送节点,也被称为地理方位传递法(Geographic Forwarding)。之后无需建立路径,只要把数据封包直接传送给下一步较佳的转送节点即可。建构GPSR只需要所有传感器知道自己的位置信息并提供给邻近的节点即可,感测到事件的传感器自然可以通过邻近节点与基站的位置比较,计算出距离基站最近的数据传递方向,而无需各个传感器记录整个网络拓扑的路由表格。

由于传感器先天能力的限制,GPSR应用在无线传感器网络中会产生以下问题,如GPSR的路由传输未考虑邻近节点所剩余的电量,将会导致收到代传数据的传感器可能没有足够的电量将封包传递出去,造成封包遗失。此外,GPSR总是挑选某几条最快传输的路径,无法有效地平均使用能量,导致能量消耗不均,部分传感器频繁代传而快速耗尽电量,亦会降低此无线传感器网络的生命周期,使死路的问题更加严重。如图4-28所示,黑色传感器因耗尽电量而死亡,导致死路。除了传感器先天上的限制之外,感测环境还有可能受到障碍物的干扰或因传感器耗尽电量死亡而增加数据绕径传输的难度。下面将介绍无线传感器网络中面对障碍物时的绕径机制。

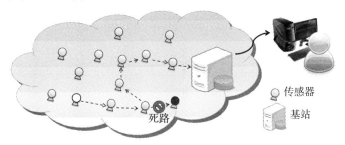

图 4-28　因传感器电量耗尽而造成死路的情况

2. 具有障碍物克服机制的路由技术

在无线传感器网络所布建的环境中,经常由于地形限制(如河流、峡谷)、传感器布点不均匀、传感器故障或外力信号干扰等因素,形成丧失感测能力甚至阻碍通信的障碍区。在无线传感器网络中传送的感测数据将因误闯障碍区而造成传感器耗费额外转送封包的电量、数据延迟时间增加等问题。

当无线传感器网络运作一段时间后,下列几种因素可能会使传感器网络中出现无法忽略的障碍物。

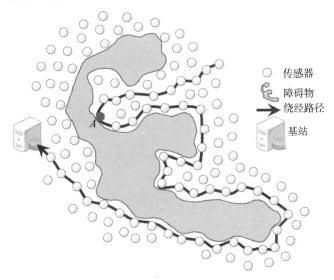

图 4-29　当有障碍物时 GPSR 的边缘式路由法

①传感器的定位位置信息错误。

②传感器本身电量用尽或布点密度不平均造成部分区域无法被感测的情况，可视为一种虚拟障碍物。

③因现实环境中存在天然障碍（如高山、河流），使部分区域无法布建传感器来执行感测。

④强波干扰使某区块内的传感器无法运作而形成虚拟障碍物。

为了解决②③④中虚拟或实体障碍物造成路由算法陷入死结的问题，许多克服障碍物的方法被相继提出。以之前提到的 GPSR 为例，GPSR 选择代传节点的方式很可能会面临找不到邻近节点可传输的状况（又称为 Local Minima 问题）。为了解决这个问题，GPSR 发展出一套边缘式路由算法，通过右手法则尝试将数据封包绕过无法传递的区域。如图 4-29 所示，当传感器回传的数据封包传到 A 点时，遇到障碍物的阻挡，这时通过右手法则可以将数据沿着障碍物周围的感测节点来协助代传，进而脱离障碍物的环境，等到数据封包绕过该障碍物区块后，再换回原本的 GPSR 算法来寻找目标。但是这种绕道的传输方式可能使传输路径的长度增加，在不必要的路径上浪费很多电量。为了更有效率地建立绕径，学界开发出另一套传感器预先感测环境状态的算法，即通过所有传感器感测邻近区块来判断自己是否处于障碍区，若处于障碍区，则将自己标示为障碍物，并告知邻近传感器，以此来避免数据封包传递至障碍区的情况发生。

随着无线传感器网络路由协议与克障技术的发展，无线传感技术在未来可以得到更广泛的应用。即便在面对危险未知的生态环境时，也能够安全地执行观察或监测的任务，使科技与生活可以更加紧密地结合。

4.5　无线传感器网络的覆盖技术

在众多无线传感器网络的研究议题中，覆盖（Coverage）问题一直受到学者们热烈的关切。覆盖问题大致可依据其覆盖目标分为三类：目标覆盖（Target Coverage）、栅栏覆盖（Barrier Coverage）和区域覆盖（Area Coverage）。其中，目标覆盖又称为点覆盖，主要探讨如何利用传感器对感兴趣的目标物进行监控；栅栏覆盖又称为线覆盖，探讨如何利用传感器在某一区域中构建一道防御屏障,用以感测是否有入侵者跨越边界;区域覆盖又称为面覆盖,探讨如何利用传感器对于某一区域进行全局的监控。以下我们将针对这三类覆盖问题进行详细介绍。

1. 目标覆盖

在目标覆盖的分类中,目标可以是一个物体、一座建筑、一块区域或一个国家,而这些目标可被视为一个点的目标,因此,我们可以说目标覆盖是在处理点的问题。典型的应用如图 4-30 所示。在战场中,为了监控各个军事重地,如弹药库、粮仓、指挥官住所等,在各区块上布建传感器。而面对这些点目标,目标覆盖的概念就是分别在点目标上布建传感器,以监控事件的发生。

图 4-30　目标覆盖应用于军事监控

在目标覆盖中,可将覆盖的要求分成两类,即 Spatial Coverage 和 Temporal Coverage(或称 Sweep Coverage)。其中,Spatial Coverage 要求监控区在任何时间点内都必须有传感器监控,而 Temporal Coverage 则要求监控区在一定的周期内能够被传感器监控或巡逻即可。在 Spatial Coverage 问题中,利用两种传感器——静态传感器(Static Sensor)和移动传感器(Mobile Sensor)进行目标监控。如图 4-31(a)所示,将静态传感器群组$\{s_1,s_2,s_3\}$、$\{s_4,s_5,s_6\}$和$\{s_7,s_8,s_9\}$分别布建在目标 g_1、g_2 和 g_3 上进行监控,利用移动传感器(行动车或监控飞机)m_1 和 m_2 循着事先建好的路径,搜集由布建在目标上的静态传感器所感测的数据,最后将数据携回并传送至基站端。然而,在许多目标监控的应用中,并不是每一个目标都需要无时无刻地被监控,多数仅需要在固定的时间被传感器拜访,此为 Sweep Coverage 的概念。如图 4-31(b)所示,移动传感器 m_1、m_2 和 m_3 将循着事先规划的路线,依序拜访目标 g_1、g_2 和 g_3,使该目标满足在一定的时间周期内被拜访的频率。

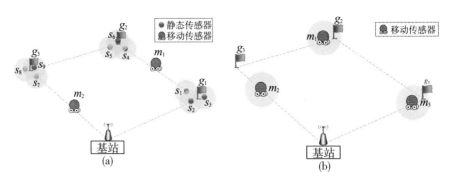

图 4-31　目标覆盖

2. 栅栏覆盖

栅栏覆盖主要是以线的方式,将传感器布建于边界上,监控是否有入侵者跨越边界。在两国的边界上布建传感器,使其构成一条感测防卫线,当有入侵者入侵时,此感测防卫线将侦测到入侵者,并发出警报。在众多的栅栏覆盖应用之中,除了入侵者侦测外,还有入侵者行进路径追踪等应用。

在介绍栅栏覆盖问题之前,必须先定义入侵者的路径。如图 4-32(a)所示,若入侵者的入侵路径为一条完整的 L_S 至 L_N 或 L_N 至 L_S 的路径,则此路径为合法入侵路径。反之,如图 4-32(b)所示,则为非法入侵路径。

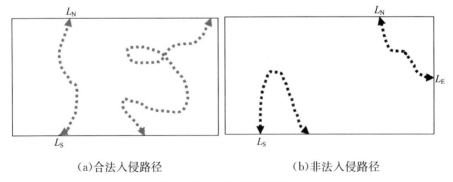

(a)合法入侵路径　　　　　　　　　(b)非法入侵路径

图 4-32　入侵者路径定义

在栅栏覆盖中,k-Barrier Coverage 是基础问题,其概念为:当入侵者侵入时,至少可被 k 个传感器所侦测。简单来说,若 k 值为 1,则入侵者进入感测屏障后,无论其以何种行进路径穿越国家边界,均可被至少 1 个传感器所侦测。如图 4-33 所示,k-Barrier Coverage 问题又可分为 Weak k-Barrier

Coverage 以及 Strong k-Barrier Coverage。其中，Weak k-Barrier Coverage 说明入侵者一进入感测屏障后，可被任意 k 个传感器所侦测。然而，如图 4-33(a)所示，当入侵者行进的路径不规则时，传感器就无法侦测到入侵者，从而造成防护漏洞。如图 4-33(b)所示，为了加强边界的防护，Strong k-Barrier Coverage 提出无论入侵者行进的路径多不规则，一定可以保证被 k 个传感器所侦测，借此提升边界的防护能力。栅栏覆盖有两大问题：一是探讨如何以最少的传感器达到 k-Barrier 的覆盖；二是探讨如何让边界上的传感器在平均耗电量最少的情况下，达到 k-Barrier 的覆盖。

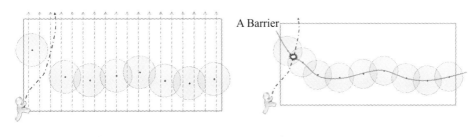

(a) Weak k-Barrier Coverage　　　　(b) Strong k-Barrier Coverage

图 4-33　k-Barrier Coverage 分类

在相关的研究论文中提出一个非集中式的算法，其目标为建构一条防御边界并且满足 k-Barrier Coverage 要求。如图 4-34(a)所示，该研究将监控场景切割为多个大小相同的虚拟网格，网格的大小正好为传感器的四分之一感测范围。如此一来，便可确保传感器的感测范围能够完整地覆盖自己所在的网格。如图 4-34(b)所示，每个网格中有个数字，它表示这个网格中传感器的数量，也代表这个网格的覆盖数。作者利用上述观念，将如何建构一条防卫边界的问题转换为如何连接网格，使之成为一条连续不间断的网格曲线的问题。举例来说，图 4-34(b)为一个满足 3-Barrier Coverage 要求的防御边界，其建构的过程为由左到右挑选数字不小于 3 的网格来进行相互连接，分别是 (1,4)、(2,4)、(3,3)、(4,3)、(5,4)、(6,5)、(7,5)、(8,5)、(9,4)、(10,4)，而这些被挑选的网格中，各自会有至少 3 个负责完整覆盖的传感器，因而形成一条满足 3-Barrier Coverage 要求的防御边界。

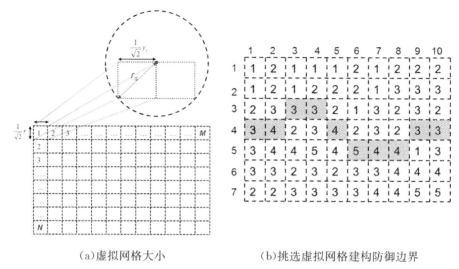

(a)虚拟网格大小   (b)挑选虚拟网格建构防御边界

图 4-34   建构防御边界示意图

3. 区域覆盖

区域覆盖集合了前述目标覆盖和栅栏覆盖的点和线的概念,将传感器随机地布建于监控环境中,以达到全区域覆盖的目的。如图 4-35 所示,在监控的农田中,随机布建大量的传感器,通过这些传感器得知目前的环境信息,借助这些信息,可及时调整农作物的肥料用量及灌溉时间,使农作物的质量得以提升。

图 4-35   布建大量的传感器于农田中,以达到全区域覆盖的目的

然而,监控环境可能因传感器布建不均、电量耗尽或监控区域遭受天然灾害,如火灾、强风吹袭等,出现覆盖空洞(Coverage Hole),使监控区域中的事件侦测率降低、环境监控质量下降。为了使监控环境的监控质量得到提升,如同目标覆盖,将传感器覆盖需求分成 Spatial Coverage 和 Temporal Coverage(或称 Sweep Coverage)。在过去的 Spatial Coverage 研究中,如图 4-36(a)所示,一般将静态传感器随机布建在监控环境中,并做到完全覆盖。然而,若监控场景中有一静态传感器电量耗尽或被毁损,覆盖空洞就会产生,造成监控质量下降。为了使传感器更有弹性地解决覆盖问题,以及降低静态传感器所带来的庞大的硬件成本,后续研究使用移动传感器进行环境的监控。在 Sweep Coverage 的研究中,由于监控场景中的传感器数量不足,监控场景无法被传感器完全覆盖,因此可将监控场景切割成等大小的正六角形区域。为了让监控区域在限定的时间内都能被传感器的感测范围所覆盖,在网络初始化阶段,该研究事先在正六角形区域上编号(C_1,C_2,C_3···),并通过正六角形的编号建立一条哈密尔顿路径(Hamilton Path),如图 4-3b(b)所示。移动传感器依照哈密尔顿路径的方向移动,以覆盖所停驻的六角形网格。因此,若移动传感器的数量较六角形的数量少,则处于覆盖空洞的六角形将可定期被移动传感器所停驻,以达到定期受到监控的目的,避免覆盖空洞长时间不受监控。

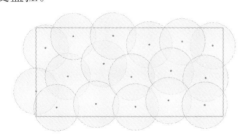
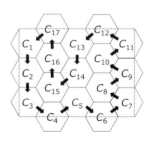

(a)Spatial Full Coverage
监控场景被传感器完全覆盖

(b)Sweep Full Coverage
监控场景可通过移动传感器在
一定的时间内被完全覆盖

图 4-36　区域覆盖

如何有效地让传感器覆盖监控环境,一直是无线传感器网络覆盖探讨的重要问题。随着无线传感器网络的蓬勃发展,目标覆盖、栅栏覆盖和区域覆盖等已经渐渐地融入生产、生活和安防领域。例如,目标覆盖可应用于博物馆展览品的监控管理和军事重地的侦测,栅栏覆盖可应用于国家边界的监控,区域覆盖可应用于农作物的管理以及火山监控。

4.6 传感器节能技术

无线传感器网络协议的设计所面临的主要挑战是提供高效能的传输,而传感器本身大多数由电池供电,而且通常不可充电或更换电池。因此,省电机制是一个重大议题。在无线传感器网络中,造成电量消耗的因素主要有如下几个。

①进行环境感测工作。

②监听。

③传送控制封包所需要的成本。

④重新传送数据封包所导致的碰撞问题。

⑤不必要的高电量传输。

为延长传感器的生命期,在大量布建传感器后,若数量够多,某传感器可与邻近的传感器进行协调,将感测功能启动,将传输及监听功能关闭,进入睡眠模式,轮流醒来担负传输的任务,仍可达成全区域覆盖并省电的目标。因此,传感器的醒睡机制对省电及传输很重要。如图 4-37 所示,A、B、C 互为通信范围内的感测节点,当三点同时醒来时才能互相传数据,而每个传感器都有不同的醒睡周期,其中,标示为 Active 的时槽为醒着的时槽,而标示 Sleep 的时槽则为休眠的时槽。这里所延伸出的议题是传感器如何决定自己的醒睡周期。如果传感器可以在空闲时进入睡眠模式(Sleep Mode),就可以避免不必要的电量浪费。但是,如果传感器持续进入睡眠模式,而忽略原本传送或转送数据的任务,将导致邻近节点间因睡眠而无法进行通信,产生数据传输延迟的问题。因此,如何制定所有传感器的醒睡模式和睡眠排程是一个很重大的挑战。以下我们将介绍其中一种醒睡周期机制——S-MAC。

S-MAC 中的所有感测节点必须事先和邻近的节点进行时间同步才可通信。为了让场景中的感测节点时间同步,S-MAC 将一个传输周期分成两个时段:监听时段(Listen Period)和睡眠时段(Sleep Period)。每一个感测节点必须在监听时段监听网络中是否有节点要与自己进行数据传输。送者

(Sender)在传送数据前,需先将其醒睡周期告知收者(Receiver),当收者听到此信息之后,就可和送者进行醒睡同步。接着,送者发送 Request-to-Send(RTS,请求发送)封包给收者,在成功接收到收者回传 Clear-to-Send(CTS,清除发送)封包后,就可在接下来的时段进行数据传输。而其余不需传送数据的感测节点则在该时段进入睡眠模式,以节省电量。

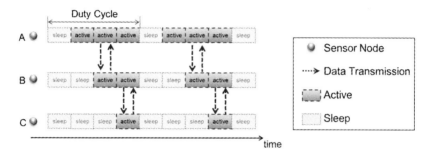

图 4-37　醒睡周期

在本节中,我们介绍了常见的传感器省电机制。通过上述方法,可以提升整个网络场景的生命周期,实现长时间的服务。

在物联网感知层的感知技术中,传感器和无线传感器网络是两大主要核心。整个系统是由一到数个无线数据收集器或基站(Wireless Data Collector or Sink)和为数众多的传感器所构成的,传感器上可携载各式各样的感测组件,用于感测温度、湿度、亮度、加速度、压力、声音等。此外,这些感测节点具有自我组织网络的能力,每个传感器都是无线传感器网络中的一个节点,可通过无线传感器网络将传感器所搜集到的信息回传到无线数据收集器。

随着微机电系统和纳米科技的进步,传感器体积不断缩小,更利于大量散布在环境中,组成无线传感器网络。在未来,传感器的体积可能做到小如空气粒子,弥漫在空气之中,虽然我们看不见它,但它却能感应着我们生活周围的变化,并依事先设定好的规则,适时地反馈重要信息。这些信息将影响我们的日常生活,也将满足现今人类对于生活环境的期许,其中包括便利、安全、舒适、节能等。此外,无线传感器网络的快速发展,也带动了许多传感器的应用。目前传感器已广泛应用于工业、医疗产业,也可协助发展农渔业或环境监控等。该技术不仅可以为日常生活增添便利,也可以节省许多的时间和金钱。

　　在物联网中,传感器的应用已经不单单是被动地侦测环境、监控事件,而是直接与用户面对面、实时反应各项需求,过去只能远程监视的应用将可以进阶到实时性地远程处理相关事件。因此,可预见无线传感器网络的广泛应用是一种趋势,在未来的 5~10 年,必定会给各行各业乃至日常生活带来巨大的冲击。

第5章　物联网的网络层技术

随着科技的发展和网络技术的崛起,我们所熟悉的网络世界将掀起一波新的风潮——物联网。在物联网中,所有的物品都将可以连上网络,彼此沟通互动,形成一个庞大的、智能的网络。因此,网络技术在整个物联网中占据极其重要的地位,没有网络技术就没有物联网的存在。应用在物联网的网络技术可以分为两类:一类是主要用于物与物的通信技术,另一类是物联网连接到互联网的沟通技术。在本章中,将以物联网的网关为起始,接着加入物品拥有 IP 的概念,并以无线个人局域网(Wireless Personal Area Networks, WPAN)的通信技术为辅,介绍属于物联网的各项通信技术以及物联网网络层未来的发展趋势。

5.1　物联网网关

在网络技术迅速发展的现在,我们生活中很多常见的物品都已经可以连接上网络并且进行远距离监控,甚至进行远距离操控。试想,每天回到家之前,操作一下手机的应用程序,就可以让家里的空调先进行开机的动作,或者在手机上面获得家中冰箱的存储物信息,若发现食材有点不够了,就马上通过网络订购直送到家。我们相信,在不远的未来这样便利的生活能借由物联网的技术实现且普及。本节我们就将介绍物联网技术中网络设备与网络设备之间的沟通桥梁——物联网网关的基础知识以及运作模式。

近年来,在各种无线、有线网络蓬勃发展的趋势下,各种不同类型网络之间所形成的异构网络要如何在不同的通信协议之下达到互相交换信息的目的呢? 如果能够有一个设备担任协调器的工作,协助我们手边各种不同网络协议的设备进行信息交换,想必能大大提升人们生活的便利性。试想,能够用自己的手机操控家中的各种电器运作,用一个按钮就能打开电灯、空调、电视等。今天我们就来讨论如何利用网关来实现异构网络中的信息交换。

在不同网络协议间形成的异构网络中,担任不同协议之间窗口的网络设备称为网关(Gateway)。我们再来以一些例子为大家介绍一下网关究竟是什么,它负责处理网络间的哪些工作。

首先,网关的第一种功能是负责将不同网络间的信息进行交换,如图 5-1所示。当 A 网络的设备想将信息传到 B 网络的设备时,会先将数据传送给网关 A,通过网关 A 传送数据给网关 B,再由网关 B 将信息传给 B 网络中要接收信息的设备。

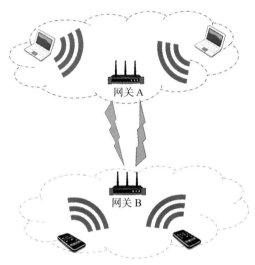

图 5-1　不同网络通过网关通信的示意图

在物联网中,网关可作为物联网设备与用户之间的沟通平台。当用户希望使用身边的设备(如智能手机、计算机等)控制物联网设备时,可先将信息发送至网关,再经由网关发出信息对物联网设备进行控制。当用户不在家时,可以利用手机上网将信息传回网关,再经由网关将信息送至物联网设备进行控制;先将家中空调、计算机打开,再检查家中冰箱内食物是否充足,检视家中监控系统运作情况等。

在开放式通信系统互联(Open System Interconnection, OSI)参考模型中,网关作为网络层(Network Layer)中的设备,负责转换在不同的网络协议之间传递数据。以图 5-2 为例,假设手机经由 Wi-Fi 将数据传输至网关,再利用蓝牙控制电灯进行开关动作。在这里,网关必须同时具备 WPAN(蓝牙)以及 WLAN(Wi-Fi)的数据链路层与物理层,才能在这两者之间进行转换与沟通,如图 5-3 所示。

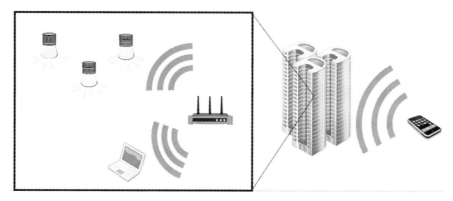

图 5-2 手机利用网关传输信息对物联网设备进行控制

根据前面的叙述可以发现,当我们希望使用网关在不相同的网络协议的网络设备之间进行信息传递时,网关也必须具备相对应的数据链路层与物理层,才能扮演好翻译的角色,并能有效帮助不同的装置进行沟通。

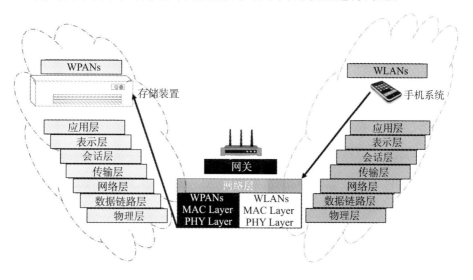

图 5-3 网关运作示意图

通过以上对网关的说明,我们可以了解网关所拥有的功能以及我们为何需要网关来帮助我们连接各种不同的网络协议。接下来的章节将会针对各种不同用途的网络架构,如 6LoWPAN、蓝牙、Wi-Fi、LTE 等,进行深入的阐述和探讨,并研究如何在物联网中应用各种不同的无线网络通信技术。

5.2 6LoWPAN 网络

本节主要介绍何谓 6LoWPAN 网络。在无线通信中使用 IP 通信协议一直被认为是非常困难的,基于此,无线网络一直都使用专用协议。因为 IP 协议在使用上的要求较高,所以在低功率环境的无线通信中使用十分困难。

然而,通过 6LoWPAN 网络便可以在无线通信网络中运行 IPv6。6LoWPAN 网络就像是经过压缩的 IPv6,能够让低电量、低带宽需求的电子设备运行 IPv6。因此,短距离、低速率、低耗电、低复杂度的 IEEE 802.15.4 可使用 6LoWPAN 的网络架构,让所有的电子设备得以采用 IPv6 的方式连接网络。

1. 6LoWPAN 架构

6LoWPAN 架构大致上可分为图 5-4 中的两种:第一种是与互联网连接的架构,第二种是点对点对等网(Ad-Hoc)的架构。与互联网连接的架构需要使用路由器(Router)连接互联网与 6LoWPAN 装置。不论是互联网传输数据到 6LoWPAN 装置,还是 6LoWPAN 装置传输数据到互联网,数据若要在两端传输,必须经过转换。6LoWPAN 装置中,具有一个路由的 6LoWPAN 网络称为 Simple 6LoWPAN,而多个 Simple 6LoWPAN 所组成的网络称为 Extended 6LoWPAN。

IEEE 802.15.4 中定义了物理层(PHY 层)和媒体接入控制层(MAC 层)的协定。事实上,6LoWPAN 网络架构的底层使用 IEEE 802.15.4 定义的 PHY 层与 MAC 层协议,而上层则使用 IEFT 所定义的 IPv6 与 TCP 协议。6LoWPAN 网络可视为现有底层与网络层间的适配层(Adaptation Layer),主要是将上层的信息进行调整、转换,以便在底层网络中使用。

2. 适配层

进行数据传输时,如果传输的封包大于定义的最大传输单位(Maximal Transmission Unit,MTU),就必须对封包进行切割,将过大的封包切割成数个符合 MTU 大小的封包,再进行传输。

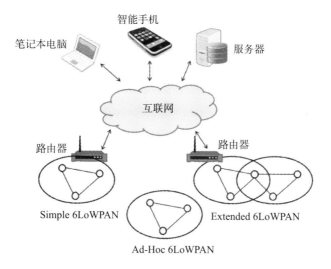

图 5-4　6LoWPAN **架构**

图 5-5　6LoWPAN **网络架构**

　　然而 IEEE 802.15.4 的 MTU 与 IPv6 的 MTU 定义相差甚远,导致封包必须在适配层中进行切割后才能往下传输。而底层收到封包后,同样必须将封包组合成符合 IPv6 所定义的 MTU 大小的封包才传送给上层。而一个完整的 IPv6 封包对 IEEE 802.15.4 来说,传输量太少,耗费成本太高,十分浪费。因此在适配层中,除了要做切割封包与重组封包,还必须对 IPv6 封包的报文进行压缩,除去不需要的多余数据,有效地增加传输量,降低传输成本。

6LoWPAN 中定义了用 HC1 编码来压缩 IPv6 封包的报文，压缩前的 IPv6 报文约有 40 bytes，但是经过压缩后仅剩余 2 bytes，大量减少多余的数据，增加了传输量。

表 5-1 报头字段与说明

报头栏位	IPv6 长度	6LoWPAN HC1 长度	说明
版本	4 bits	—	IPv6 版本信息
流量类型	8 bits	1 bit	0＝此封包尚未压缩 1＝此封包已经压缩
流标号	20 bits		
载荷长度	16 bits	—	可由 MAC 层封包长度或分割报头档取得
下一个头区	8 bits	2 bits	使用 UDP、TCP 或 ICMP
跳数限制	8 bits	8 bits	不会变动
源地址	128 bits	2 bits	可由 Link 层封包或 Mesh Address 获得信息
目的地址	128 bits	2 bits	
HC2 编码标志	—	1 bit	是否使用 HC2
总和	40 bytes	2 bytes	

前面提到的过大的封包需要进行切割后再传输，切割后的封包也必须重组回大封包再传输。切割的封包报头部分，Datagram Size 表示切割前的封包大小，Datagram Tag 表示被切割的封包顺序。最后将借助这两种信息进行封包的重组。

1	1	0	0	0	Datagram Size(11 bits)	Datagram Tag(16 bits)

图 5-6 封包格式

在 6LoWPAN 中，支持在同个 PAN 中直接通过适配层将封包转发出去。因此，6LoWPAN 中额外定义了一个报头文件，称为 Mesh Address。

Mesh Address 中包含了接收方与发送方的 MAC 位置，以及接收方与发送方的最大转发次数。在每次转发之后，都会将最大转发次数减一，再转发出去，直到最大转发次数减到零，便不会再进行转发。

3. 6LoWPAN 网络层技术

6LoWPAN 由拥有低处理能力、低内存、低电量供应的路由器组成，我们称之为"低功耗有损网络（Low-power and Lossy Networks，LLNs）"。因为路由器之间的连接具有高传输遗失、低速率、低稳定的特性。

一个低功耗有损网络由一群节点组成，而每一个节点都具有低处理能力、低电量、低内存的特性，彼此之间以有损的链路互相连接着，并且遵照IPv6 路由协议（Routing Protocol for LLNs，RPL）。

在实体网络架构中，节点间的传输是双向的，为了提高传输稳定度，会以低传输速度的方式进行封包的传送。而在 RPL 中，节点间以目的导向的有向非循环图（Destination Oriented Directed Acyclic Graph，DODAG）为架构，而 Sink 在 DODAG 中称为 DODAG Root，如图 5-7 所示。

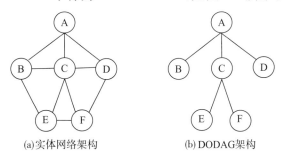

(a)实体网络架构　　　　　　　(b) DODAG架构

图 5-7　6LoWPAN 网络层

RPL 的传输分为两种，分别是向上（Upward）以及向下（Downward）。Upward 是由 DODAG 的节点向上传输至 DODAG Root，而 Downward 是由DODAG Root 向下传输至 DODAG 的节点。

（1）Upward。DODAG 的建构主要是依照特定的目的（Objective Function，OF），针对节点的需求去挑选一条合适的路径。

假设 E 点要传输数据给 Sink（A 点），如图 5-8 所示，目前有两种选择，其中路径（b）的传输成功率高于路径（a）。而路径的选择是以特定的目的为依据的，假设目前 E 点要寻找一个最短路径做传输，我们便选择路径（a）；假设E 点要寻找一个传输较稳定的路径做传输，我们则会选择路径（b），因为路径（b）的传输成功率较高。

节点会依照特定的目的选出路径，并将信息记录在 DODAG Information Object（DIO）封包中，传至 DODAG Root，Root 便会拥有各个节点所上传的路径信息。DODAG Root 为了区别节点与 DODAG Root 的远近，会设定一个

Rank 值,越靠近 DODAG Root 的节点,所拥有的 Rank 值就越小;而离 DODAG Root 越远的节点,则会拥有越大的 Rank 值。

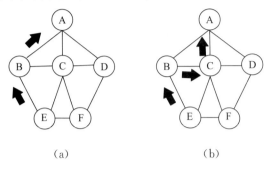

图 5-8 Upward 的网络拓扑

由于组成低功耗有损网络的是低处理能力、低内存的路由器,它们互相以不稳定的链路连接着,因此必须时常进行维护。

由 DODAG Root 发起定期维护,发送一个 DIO 封包,并在封包中定义一个 DODAG 版本号来表示这次是第几次维护。当节点收到 DIO 封包后,会比对 DODAG 版本号是否与上次的相同,若相同,则认定为已经收过的封包,不会进行检查,并将封包继续转发,以免有节点没有收到封包;若 DODAG 版本号不同,则视为新的维护,节点会检查其与父节点的连接是否稳定,并通过 DIO 封包告知 DODAG Root 联机质量做反馈。

(2) Downward。Downward 可分为两种,分别为点对多点(Point-to-Multipoint,P2MP)和点对点(Point-to-Point,P2P)。

在点对点方法中,当有节点要传输数据给另一个节点时,会先将数据传送至 DODAG Root 或共同祖父点,再将数据向下传至接收节点。

根据节点存取能力的不同,Downward 可以再分为两种:Storing Mode 和 Non-Storing Mode。

①Storing Mode。Storing Mode 中的节点可以存取自己的 Sub-Tree 中的子节点信息。以图 5-9 为例,节点 C 可以储存节点 E、节点 F 的数据,而节点 A 为 DODAG Root,所以节点 A 可以储存节点 B、节点 C、节点 D、节点 E、节点 F 的信息。

由于 Storing Mode 可以记录 Sub-Tree 的信息,因此节点在传送数据前会先确定传送对象是否为自己 Sub-Tree 中的节点。以图 5-9 为例,当节点 B

想传送数据给节点 F 时,节点 B 会先确定节点 F 是否为自己的子节点。确认不是之后,节点 B 会将数据传送给父节点 A,并且节点 A 再确认节点 F 是否为自己的子节点。节点 A 确认后若发现节点 F 是自己的子节点,就可以将数据传送给节点 F,可避免选错路径导致浪费的情形。

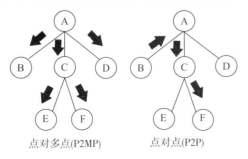

点对多点(P2MP)　　　　点对点(P2P)

图 5-9　Downward 种类与拓扑形式

②Non-Storing Mode。Non-Storing Mode 中的节点不会存取自己 Sub-Tree 的子节点信息。由于 Non-Storing Mode 不会存取自己 Sub-Tree 子节点的信息,因此当有节点想传送数据给另一个节点时,会先确认自己是否为 DODAG Root,若不是,则将数据传送给父节点。父节点收到数据后,同样确认自己是否为 DODAG Root,若不是,则再将数据传送给父节点。而当父节点确认后,发现自己为 DODAG Root 的时候,则会发起源路由(Source Routing),DODAG Root 会发送控制封包去搜寻目标节点。

首先,DODAG Root 会将控制封包发送给自己的子节点,子节点收到控制封包后,会确认自己是否为目标节点,若不是,则再将控制封包传送给自己的子节点。而当子节点收到控制封包并且确认自己是目标节点的时候,会将控制封包沿原路径传送至 DODAG Root。当 DODAG Root 收到来自目标节点的控制封包时,便可以知道从 DODAG Root 传送至目标节点的路径,如此一来就可以正确地将数据传送给目标节点。

Storing Mode 由于需要储存自己子节点的信息,因此必须有足够的内存空间来做储存的动作,这样会导致每个节点的制作成本大幅度提高。因此不难发现,在物联网中,内存容量的大小会直接影响物联网建置的成本。

而在 Non-storing Mode 中,由于节点不需要记录子节点的信息,就不需要内存空间来做储存的动作,使节点制作成本以及复杂度大幅度降低,同时减少了物联网的建置成本。但是每次传送都必须将数据传至 DODAG Root,经过搜寻后,才将数据传至目标节点。除此之外,相较于 Storing Mode,在传输过程中要额外加上传送至 DODAG Root 以及搜寻的时间,影响了传送的速度和质量。

5.3 近距离无线网络——蓝牙

1. 蓝牙简介

现代科技的发展日新月异,各种各样的电子产品及随身设备的发明更是多彩多姿,近年来蓬勃发展的随身多媒体设备,如手机、平板电脑、耳机等,都是常见的例子,人类的生活形态因而改变,生活质量也获得改善。由于互联网的普及化与便利性,这些电子设备与计算机之间的连接成为人们关注的焦点。

但是,过多电子设备的配置很容易导致计算机周围缆线密布,使电子设备的布置及移动范围都被局限在一个狭小的区块,也容易造成外观上的杂乱。如果能让连接的缆线都不见,而功能依然存在,那岂不是两全其美吗?此时无线通信就派上用场了,无线通信的发展成为解决此问题的一个好方法,而蓝牙就是其中一种知名的无线通信技术。

蓝牙是一种无线通信技术标准,用来让固定设备与移动设备在短距离间交换数据,且利用随意无线连接的特性,形成无线个人局域网络(Wireless Personal Area Network,WPAN)。

蓝牙 4.0 是在传统的蓝牙协议的基础上加上蓝牙低功耗(Bluetooth Low Energy,BLE)技术构建成的,具有低成本、低耗电的特征。蓝牙 4.0 极低的执行功耗和待机功耗可以使一粒钮扣电池的工作时间维持在 1 年以上。相较

图 5-10 蓝牙 4.0 标志

于传统的蓝牙,BLE 的芯片实现有两种模式:单模(Bluetooth Smart)和双模(Bluetooth Smart Ready)。仅支持 BLE 的蓝牙设备称为单模,而同时支持 BLE 及传统蓝牙的设备称为双模。蓝牙 4.0 的标志如图 5-10 所示。

　　BLE 在 2.4 GHz ISM 免计费的频段上工作,采用 GFSK 调制,频率范围为 2.4000～2.4835 GHz。传统蓝牙共有 79 个频道,每个频道的带宽为 1 MHz。BLE 将频带分为 40 个带宽为 2 MHz 的频道,见表 5-2,其中 37 个频道用作数据频道;广播用途的频道从传统蓝牙的 32 个减少到 3 个(频道编号为 37、38、39)。每次广播时,射频的开启时间也由传统的 22.5 ms 减少到 0.6～1.2 ms,扫描时间大幅减少,耗电量自然减少。

表 5-2　BLE 共有 40 个频道,其中 3 个是广播频道

射频信道	射频中心频率	频道类型	数据频道索引	广播频道索引
0	2402 MHz	广播频道		37
1	2404 MHz	数据频道	0	
2	2406 MHz	数据频道	1	
…	…	数据频道	…	
11	2424 MHz	数据频道	10	
12	2426 MHz	广播频道		38
13	2428 MHz	数据频道	11	
14	2430 MHz	数据频道	12	
…	…	数据频道	…	
38	2478 MHz	数据频道	36	
39	2480 MHz	广播频道		39

　　表 5-3 为传统蓝牙与 BLE 的比较表。传统蓝牙的传输速率为 1～3 Mbps,而 BLE 支持 1 Mbps 数据传输率下的超短数据包。BLE 可在 3 ms 内完成连接(这是耗电量降低的主要原因),其传输距离为 10～100 m。传统蓝牙在服务方面支持语音及数据的传输,但在 BLE 的规范中,并不提供语音传输,只提供数据传输。在安全方面,BLE 使用 AES-128 CCM 加密算法,进行数据包加密和认证。此外,由于 BLE 采用星形拓扑,因此可以连接多个从设备和一个主设备。

表 5-3　传统蓝牙与 BLE 比较表

项目	蓝牙 V2.1	蓝牙低能耗
标准化机构	蓝牙 SIG	蓝牙 SIG
传输距离	～30 m(等级 2)	～50 m
频率	2.4～2.5 GHz	2.4～2.5 GHz
传输速率	1～3 Mbps	～1 Mbps
响应延时	＜6 s	＜0.003 s
是否具有语音能力	是	否
最大输出功率	＋20 dBm	＋10 dBm
调制方式	GFSK	GFSK
调制指数	0.35	0.5
频道数量	79	40
频道带宽	1 MHz	2 MHz

2. 蓝牙版本演进与介绍

随着网络的发展,我们所拥有的数据量也日益增加,接下来我们将针对蓝牙各版本的特色加以介绍。

起初蓝牙 1.0 版本的传输速度约为 1 Mbps,而运作上由于蓝牙硬件地址(BD_ADDR)没有受到保护,因此引起很多用户的质疑。而后来推出的蓝牙 1.2 版本部分解决了蓝牙硬件地址泄漏的问题,使用匿名的方式来保护用户的蓝牙硬件地址,避免身份的泄漏与跟踪,并加上自适应跳频功能(Adaptive Frequency Hopping,AFH),避免序列中的拥挤频率,同时开始完善流量控制和错误纠正的机制。

蓝牙 2.0 版本中,传输速率为 1.8～2.1 Mbps,并开始支持双工模式,一面作语音通信,另一面传输档案和高质量图片,且能够通过减少工作负载循环(Duty Cycle)来降低能源的消耗。而蓝牙 2.0＋EDR (Enhanced Data Rate)版本可以让手机、耳机以及计算机之间进行短距离无线网络传输,但传输速度仅有 3 Mbps,不太能应用在短距离传递大容量数据的工作上,如传送照片、音乐和影片。

蓝牙 2.1＋EDR 向下对蓝牙 1.2 版本完全兼容,并增加了 Sniff 省电功能,可以让设备的连接延长到 0.5 s,减少了耗电量,也增强了功能,如简单安全配对(Secure Simple Pairing,SSP)。这项配对改善了蓝牙设备的配对,同时也提升了用户体验和安全强度。该版本已开始应用在家庭中,可以使用手机蓝牙控制电视等家电,家中的各类家电即可形成一个小型的蓝牙网络。手机可以通过控制蓝牙网络使用蓝牙终端,为生活带来更多的便利,也可延伸应用于办公室、百货等公共场所。

但是蓝牙 2.1+EDR 版本的传输速度还是不太理想,因此推出了蓝牙 3.0+HS(High Speed)版本,以追求更高的传输速度。蓝牙 3.0+HS 版本着重于移动设备,让手机对接传送大容量数据。它采用 Wi-Fi 的 AMP(Generic Alternate MAC/PHY)技术,传输速度最高可达 24 Mbps,是 2.0 版本的 8 倍之多,可以传递较大容量的数据,如音乐、照片、影片等。另外,蓝牙 3.0+HS 版本也加入了增强电量控制,减少了功耗,从而提升了蓝牙设备的电池寿命,减少了因移动所造成的断线情况。不过,蓝牙 3.0 的芯片还有耗电性及兼容性的问题需要解决。

蓝牙 4.0 版本提出了三种模式:低功耗蓝牙、传统蓝牙和高速蓝牙。低功耗蓝牙使用极低功耗的移动无线通信技术;传统蓝牙以信息沟通、设备联机为重点;高速蓝牙则注重数据的交换与传输。除了传输速度的强化外,蓝牙 4.0 版本最大的特性是省电。极低的运行和待机功耗能够使一粒钮扣电池持续工作数年,同时具有 3 ms 的低延迟,可以用于计步器、心律监视器、智能仪表、传感器等,而低功耗模式下传输距离也提升到 100 m 以上。蓝牙技术的应用范围有了新的突破。

蓝牙 4.2 版本提高了数据传输速度和隐私保护程度,可直接通过 IPv6 和 6LoWPAN 接入互联网。速度方面变得更加快速,两部蓝牙设备之间的数据传输速度提高了 2.5 倍。蓝牙智能(Bluetooth Smart)数据包的容量提高后,其可容纳的数据量相当于此前的 10 倍左右。

蓝牙 5.0 版本于 2016 年 6 月正式宣布规范。与蓝牙 4.2 版本相比,蓝牙 5.0 版本在低功耗技术支持下可提供 2 倍的传输速度,同时传输范围提升达 4 倍,并具有 8 倍广播数据乘载量,支持室内的定位导航功能;结合 Wi-Fi,可以实现小于 1 m 的精确室内定位,对物联网进行改善,实现底层优化。

3. 蓝牙网络运作

在蓝牙网络环境中,所有具有蓝牙通信的设备都可以分为主控端

(Master)与被控端(Slave)。由一台设备作为主控端,可以控制 10 m 以内最多 7 台设备(被控端),形成一个微微网 (Piconet),如图 5-11 所示。不同的主控端设备可以互相连接,形成一个散射网 (Scatternet),如图 5-12 所示。理论上蓝牙无线传输可以连接 100 个微微网,形成一个散射网,在整个散射网络内传送数据。

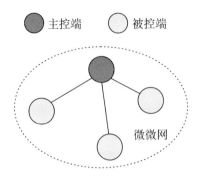

图 5-11　微微网架构图

　　蓝牙无线传输可以使一台主控端设备同时控制最多 7 台被控端设备,而且这些设备不一定是同一家厂商的产品。想象发生下面这种情况:用户拥有手机、蓝牙无线耳机、平板电脑、笔记本电脑、汽车音响等,如果这些设备都支持蓝牙无线传输,则以手机为主控端,当用户坐进车里的时候,手机的蓝牙系统会用服务发现协议(Service Discovery Protocol,SDP)自动搜寻10 m之内其他具有蓝牙系统的设备。

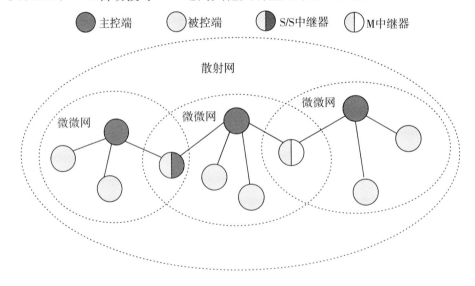

图 5-12　散射网架构图

　　主控端设备找到被控端蓝牙设备后,与被控端蓝牙设备进行配对,此时需要输入被控端设备的 PIN 码,一般蓝牙耳机默认为 1234 或 0000,立体声蓝牙耳机默认为 8888,也有设备不需要输入 PIN 码。配对完成后,被控端蓝牙设备会记录主控端设备的信任信息,此时主控端即可向被控端设备发起呼叫。根据应用不同,通过 ACL 数据链路或 SCO 语音链路呼叫。已配对的设备在下次呼叫时。不需要重新配对已配对的设备。

上面介绍了一个主控端设备可以控制最多 7 个被控端设备,但一个蓝牙设备能否成为多控制端的连接对象呢? 答案是肯定的。一个蓝牙设备可以是多个主控端的成员,也就是说,某一个微微网中扮演主控端角色的蓝牙设备,也可以同时在另外的微微网中扮演被控端的角色。因此,两个微微网之间只要通过共同的蓝牙设备来扮演"中间人",便可以让两个微微网中的主控端进行沟通。在这种情况下,两个以上的独立微微网通过共同蓝牙设备的连接,变成了散射网。通过多个微微网组成的连接方式,可以扩大无线通信的范围。目前一个散射网最少由 2 个微微网组合而成,最多可由 256 个微微网组合而成。

4. 蓝牙运作原理

蓝牙技术运作的原理主要是:通过跳频展频技术(Frequency Hopping Spread Spectrum,FHSS)的方式,以某一种特定形式的窄频载波,使蓝牙芯片的两端同步地在 2.4 MHz 频带上传送信号。

跳频展频技术的传输技术是将欲传输的信号通过一系列不同的频率范围传播出去,在传播信号前,传送设备会先监听频道是否处于闲置状态。当侦测出频道处于闲置状态时,便将信号由此频道传输出去;反之,若侦测出频道已在使用中,便会跳到其他频道再次进行侦测,侦测到某频道处于闲置状态时,即可做信号传输。

只要设备支持蓝牙技术,就可以彼此间交换数据进行传输,如手机、计算机、蓝牙耳机、打印机、可穿戴设备等,都可以互相连接沟通。在公共场合中,用户可以使用手上的移动设备与场所的蓝牙系统进行数据传输,取得邻近或远程的服务。

5. 蓝牙应用

由于蓝牙具有低功率与可靠性等特点,其技术也开始扩展到各种应用领域。例如,产品之间只要一经配对,便可进行音乐播放、语音通信、个人信息交换、文件传输、多媒体播放控制、数据同步等。

许多移动设备，如手机、平板电脑、耳机、可穿戴设备、笔记本电脑、游戏机，以及汽车等产品，都已内建蓝牙。而随着物联网时代的来临，蓝牙的应用也越来越广泛，许多智能家庭的产品，如智能灯泡、血压计、血糖机、体重计等，也都导入了蓝牙技术。

鉴于移动设备的省电需求，蓝牙技术联盟（Special Interest Group，SIG）公布蓝牙 4.0 的标准，主要提供传统蓝牙模式（V2.0 以前）、高速蓝牙模式（V3.0）以及全新的低耗电模式（V4.0）。蓝牙低功耗技术的推出，可以实现距离 30 m 以内提供 1 Mbps 传输速度，且可以让一颗水银电池的供电时间超过 1 年。

BLE 主要是针对可穿戴设备（如智能戒指、智能眼镜、智能手表、智能手环、心率带等运动健身、医疗保健领域的长时间感测应用）及工业自动化的低耗电需求而推出的。2013 年底，蓝牙 4.1 版本发布，针对物联网应用进行了强化，提升了配对的效率，设备可同时成为中枢（Hub）和终端设备（Endpoint Device），传感器、各种设备之间均能独立通信。而 2014 年底发布的蓝牙 4.2 版本，则再增加三大功能，包括高隐私度、高传输效率（比以前快 2.5 倍）、以 IP 连接。因此，蓝牙 4.2 版本的出现，几乎快把 ZigBee 的风头抢走，成为物联网标准的明日之星。

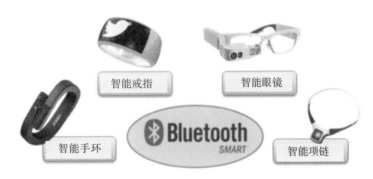

图 5-13　嵌入 BLE 的各种智能设备

在移动设备持续发展微型化、穿戴式应用的趋势下，内建 GPS、BLE 的移动设备越做越小，可用于室内定位，具有相当大的实用价值。而随着蓝牙技术的发展，iBeacon 技术受到了相当大的关注，因为它是以低功耗蓝牙为基础的室内定位技术,主要提供基于精确地理位置的信息传播。例如,Apple 在自家零售实体店面部署 iBeacon 系统,在店里各个不同位置装上许多体积小巧的 iBeacon 蓝牙发射器,或直接将 iPad、iPhone 当成 iBeacon 发射器。一旦人们进入信号区域,iBeacon 设备就能够通过手机上的专属 App,向你的 iPhone 传输各种信息,如推送折价、优惠、商品建议等。

图 5-14 iBeacon 定位系统的应用情境

蓝牙低功耗技术可以促成低功耗传输或数据交换的通信,从可穿戴设备到用于室内定位的 iBeacon,都可以帮助我们搜集用户的信息,包括心跳、呼吸次数以及他们的位置等,从而为用户提供更加方便与舒适的生活环境。

6. 蓝牙应用与未来发展

由于蓝牙技术能够快速建置联机,在生活中有广泛的应用,因此我们可以看到许多种类的蓝牙商品,如蓝牙耳机、麦克风等,还有能够通过蓝牙来传送照片的相机。而在物联网中,更多的是整合型的应用,例如通过蓝牙手机与汽车做结合,使用汽车的音响播放手机的音乐或影片。蓝牙具有成本低、效益高且能随意连接范围内的设备等特性,未来将有数以千计的物联网应用通过蓝牙技术来实现,而智能城市也离我们越来越近。

5.4 Wi-Fi

随着 3C 产业的发展,各种各样新颖的科技产品不断诞生,如智能手机、笔记本电脑、平板电脑、数码相机等,甚至连家电产品都渐渐智能化。然而,随着互联网的诞生，我们不但能够通过电信网络来连接网络，事实上，也能通过无线网络来连接网络。不同于一般传统的有线网络，无线网络不会受限于实体网络线的距离，只要在无线网络的范围内，皆可以自由移动，安心上网。

1. 无线局域网络概述

Wi-Fi 是指无线局域网络（Wireless Local Area Network，WLAN）。无线网络主要使用一些免费的频段，而这些免费频段是世界各国所划分出来的频段，称为 ISM 频段（Industrial，Scientific and Medical Radio Band，工业、科学以及医疗无线频段），分别为 900 MHz、2.4 GHz、5.7 GHz。不需额外申请认可，便可以免费使用这些频段。因此，无线网络被广泛应用于机场、商业区、校园或其他公共区域。

简单来说，网络就是让多个电子设备通过特定的传输媒介、通信协议进行连接，让电子设备能够彼此沟通、通信。无线网络是将无线电波作为传输媒介，事实上都是较低频电磁波。因为低频电磁波的穿透力比较强，全方位传输并不局限于特定方向，而高频电磁波（红外线和激光属高频电磁波）则无法穿透大多数的障碍物。所以相比较之下，较低频电磁波更适用于传输。

无线网络容易布建而且成本相对较低，因此被大众广为使用。为了适用于不同公司所设计制作的商品，用电气和电子工程师协会（Institute of Electrical and Electronics Engineers，IEEE）所制定的 IEEE 802.11 标准来进行规范。Wi-Fi 的全称是 Wireless Fidelity（无线保真），是由一个名为"无线以太网兼容联盟"（Wireless Ethernet Compatibility Alliance，WECA）的组织所发布的业界术语。

Wi-Fi 联盟成立于 1999 年，当时称为无线以太网兼容联盟。2002 年 10 月，正式改名为 Wi-Fi 联盟。IEEE 802.11 定义了无线网络的标准，事实上，第一代的 IEEE 802.11 于 1997 年制定并公开于世，仅使用 2.4 GHz 频带，速度最快仅有 2 Mbps。第一代中定义了 OSI 网络模型的媒体访问控制层与物理层。

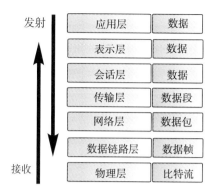

图 5-15　OSI 网络模型

以年代来区分的话，Wi-Fi 可分为五代，见表 5-4。

表 5-4　Wi-Fi 的年代划分

年代	名称	特性
第一代	802.11	只使用 2.4 GHz，最快 2 Mbps
第二代	802.11b	只使用 2.4 GHz，最快 11 Mbps
第三代	802.11g/a	可使用 2.4 GHz 和 5 GHz，最快 54 Mbps
第四代	802.11n	可使用 2.4 GHz 或 5 GHz，最快 600 Mbps
第五代	802.11ac	只使用 5 GHz，最快 6.93 Gbps

2. 网络架构

　　无线局域网络架构主要分为两种：基础架构模式（Infrastructure Mode）与点对点模式（Ad-Hoc Mode），如图 5-16、图 5-17 所示。基础架构模式下有接入点（Access Point，AP），相当于基站，所有的网络设备都必须连接到基站。基站通常都会连接到一般的有线网络，基站连接到有线网络之后，便可以与互联网连接。也就是说，在基础架构模式下，最大的特点就是具有基站，基站主要的特点在于可以对网络的资源进行相关的管控与配置，以达到最大的带宽利用率。然而，用户可以依据不同的环境与不一样的需求，在基础架构模式与点对点模式之间进行切换与选择。

图 5-16 基础架构模式

无线网络基站的用处主要是将一个或多个无线局域网络和现有的有线网络相互连接。在基础架构模式下,无线局域网络中的全部用户都可以通过基站来进行网络的连接。

如图 5-16 所示,多个电子设备可通过一个无线接入点(基站)连接上网。由于智能手机与平板电脑等电子设备的高度普及化,不分男女老少,几乎可以说每个人都习惯随身携带此类产品,因此就衍生出了庞大的网络需求。当多个用户同时上网时,就必须建构更多的基站来满足网络量的需求。然而,在如此大量的无线网络需求下,无论是机场、医院,还是学校,都是以基础架构模式来提供无线网络的服务。事实上,目前许多的餐饮业者,如知名快餐店、咖啡厅等为了使顾客用餐时能拥有较高的网络质量,也会建设基站。

图 5-17 点对点模式

另一个与基础架构模式相互对应的模式则是点对点模式,又称"随建即连模式",点对点模式的网络架构如图 5-17 所示。对比图 5-16 可以发现一些细微的差异,在点对点模式下没有基站。随建即连模式,顾名思义就是不需要基站来管控网络资源与配置,即不需要一个基站来集中管控网络资源。这样的网络架构的目的在于在一个小区域内可以使用点对点传输,让彼此互相沟通、通信并相互连接。

点对点模式是一种不事先配置无线基站的网络架构,是一种临时组成的网络形态。其优势在于可以简化网络的管理,基于网络的韧性与弹性相对较高,灵活性也相对较高。从另一个角度来讲,在这种模式下,用户能在动态的状态(如位置会移动、不定的连接或是无法预测网络流量的情况)下比较理想地使用资源。即便如此,因为缺少一个集中管控的基站,所以点对点模式的网络通信效果并不佳。

事实上,点对点架构的网络主要应用于个人局域网络、军事行动、紧急救灾、搜救行动以及家庭局域网络等。举例来说,假如在战场上要使用基础架构模式,就必须事先布建好基站,但仅仅是布建基站就比较困难,因此战场上的士兵可通过点对点模式,彼此互相通信、沟通,而不必使用基站。

3. 无线局域网络的运作模式

从上文中可以清晰地了解到无线局域网络中的两种截然不同的网络架构模型,以及二者的差异与特性。接下来讨论上述两种网络架构的运作模式。

事实上,不同的网络架构必然拥有不同的运作模式。首先,在基础架构模式下,由于其拥有基站来做统一的集中管理,因此在运作上便由基站来管控,基本上不会有太大的竞争问题。然而,对于点对点模式,由于没有基站来负责集中管理,因此传输的机制必须要仔细设计,以避免发生数据碰撞。

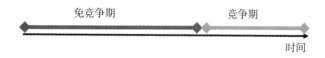

图 5-18　基础架构模式的传输形态

基础架构模式的传输形态有两种,如图 5-18 所示,一种是免竞争期(Contention-Free Period),另一种是竞争期(Contention Period)。如图 5-19所示为点对点模式的传输形式。

图 5-19　点对点模式的传输形态

　　在竞争期内，最大的问题与挑战就是数据碰撞。若不能有效地解决数据碰撞问题，则网络的效能会大幅降低。以图 5-20 为例，B 同时在 A 与 C 的通信范围内，A 与 C 却不在彼此的感测范围内。当 A 或 C 想要与 B 通信时会使用一般的 CSMA 机制来监听网络的状态。但由于 A 与 C 不在彼此的感测范围内，因此二者无法感测到彼此的存在，会认为网络处于空闲状态。那么，当 A 与 C 同时与 B 通信时，就有可能造成数据碰撞。因此，一般传统的 CSMA 机制无法解决上述隐藏节点问题。

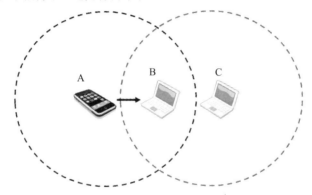

图 5-20　隐藏节点问题所造成的数据碰撞

　　为避免发生数据碰撞问题，在 IEEE 802.11 标准下定义了一套四次挥手机制(4-Way-Handshake)，分别为 RTS、CTS、DATA 和 ACK。RTS 表示请求发送(Request-to-Send)，CTS 表示清除发送(Clear-to-Send)，DATA 表示传送端所发送的数据，ACK 表示接收端所收到的通知(Acknowledgement)。

　　当 A 有数据要传递给 B 时，会利用 CSMA 先监听环境，若确认无人使用，则会在自己的范围内广播 RTS 封包，告诉范围内的 STA 有数据请求传送。然而，当 B 接收到 RTS 广播后，会在自己的通信范围内广播 CTS 封包，表示其他点在接收到 CTS 封包后直到收到 ACK 广播前，皆不得传输，接着 A 则可以顺利将数据传递给 B，如图 5-21 所示。而图 5-20 中 A 与 C 不在彼此通信范围内时的隐藏节点问题也可以一并解决,因为当 B 回传 CTS 广播消息时,C 会听到来自 B 的 CTS 广播,那么 C 便会知道 B 网络目前呈现的是忙碌状态,从而不会与其进行数据的交换与传输请求。

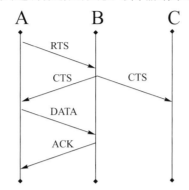

图 5-21　四次挥手机制可以解决隐藏节点问题

但是使用了这样的机制可能衍生出另外一个问题,即暴露终端问题(Exposed Terminal Problem)。如图 5-22 所示,网络上有四个点,分别为 A、B、C、D,彼此间关系则是 A、B 在彼此通信范围,B、C 以及 C、D 亦同。

当 A 传递数据给 B 时,A 会在自己的传输范围内广播请求发送 RTS 封包给邻居,B 则会在自己的传输范围内回复 CTS 广播。因为 A 与 C 皆为 B 的邻居,所以 A 和 C 此时均会接收来自 B 的 CTS 广播消息。当 A 收到来自 B 的广播消息 CTS 封包之后,便可以开始传输数据,当数据传输完毕,B 则会在自己的范围内广播 ACK 封包通知数据已经接收完毕。但是我们可以从图 5-22 中发现一个严重的问题,A 和 D 的传输事实上并不会影响到任何点的传输,但是由于 B 广播了 CTS 封包,而 C 也收到了 CTS 封包,此时网络被锁住,不能接收其他数据。因此在 A 与 B 传输对结束之前,D 都无法传输。如图 5-22 所示,D 想要与 C 传输,而发送了 RTS 封包广播,则会因为前端 B 所广播的 CTS 封包抑制 C 而没有接收数据的机会,导致 D 与 C 的传输必须等到 A 与 B 的传输结束后才可以进行。但我们发现,其实在这样的网络环境下,这两对传输是可以同时进行的。这种由于使用四次挥手机制而导致原本可以传输的传输对无法传输的问题,我们称之为暴露终端问题。

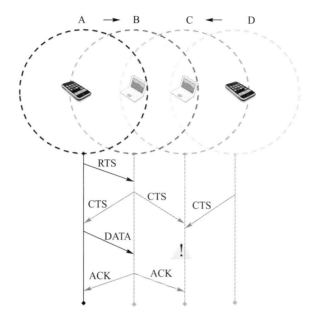

图 5-22　使用四次握手机制造成的暴露终端问题

5.5　LTE-A 宽带无线网络

随着智能手机和平板电脑的普及,民众对手机上网的需求也日渐增强,各国的运营商面对这样的商机,纷纷推出各种"畅享套餐"供用户选择。但是,当大家都在使用的时候,一定会面临网络拥堵的问题。针对这个问题,现在已经有 LTE-Advanced(LTE-A)这样的技术来解决。

1. 移动通信系统

随着通信系统的发展,我们发现第一代模拟式移动电话系统的许多标准无法被兼容,因此才有了第二代通信系统。然后随着时间的推移,通信系统从第二代来到了第四代。第四代的产生是因为智能产品的大量使用。若每个用户都使用智能产品上网,必定会发生网络拥堵的问题。

那什么是第四代通信系统? 长期演进技术(Long Term Evolution,LTE)即为第四代通信系统。我们根据国际电信联盟(International Telecommunication Union,ITU)给的定义,先来简单介绍一下 LTE。作为第四代移动通信技术,LTE 基于原有的 GSM/EDGE 和 UMTS/HSPA 网络技术,使用调制技术提升网络容量及速度,由 3GPP(第三代合作伙伴计划)提出。LTE 网络适用于相当多的频段,而不同地区选择的频段各不相同,北美网络计划使用 700/800 MHz 和 1700/1900 MHz,欧洲网络计划使用 800 MHz、1800 MHz 和 2600 MHz,亚洲网络计划使用 1800 MHz 和 2600 MHz。但是随着时间的推移,第四代通信系统所能提供的传输速率也渐渐不足以满足用户的需求。因此,一些专家、学者就专门研究是否能在 LTE 上做一些改变,来提高它的传输速率,于是比 LTE 更先进的 LTE-A 就这样出现在我们眼前。

2. LTE-A

首先,什么是 LTE-A? LTE-A(3GPP R10 标准)是接替 LTE(3GPP R8 标准)的技术,能够提高 LTE 的传输速率,提升网络流畅度。那我们为什么需要这样的技术?

IMT-Advanced(LTE-A 包含其中)要求的带宽上限为 100 MHz,下限为 40 MHz。如果要达到 4G 要求的最大传输速度,最直接的方法就是增大传输带宽。只要把传输带宽增大到 70 MHz 以上,就可以达到 IMT-Advanced 最大传输速度的要求;或者把传输带宽增加至 4G 标准规定的最小带宽 40 MHz,再利用其他的方式增加频谱使用效率,以达到 IMT-Advanced 最大传输速度标准。但目前已定义的 LTE 频段最大带宽只有 20 MHz,所以 LTE-A应该定一个可支持 40~100 MHz 带宽的频段。由于在一个国家里找到一段连续完整的 40 MHz 以上频谱的频段相当困难,因此国际电信联盟允许通过载波聚合(Carrier Aggregation,CA)的方式,来达到 40 MHz 以上的带宽。

基于上述原因,我们利用载波聚合的方式来提升效能。

3. 载波聚合

载波聚合技术到底好在哪里? 又能解决什么问题呢? 简单来说,若 LTE 的上行、下行传输速率分别为 170 Mbps 和 300 Mbps,那么 LTE-A 的上行、下行传输速度可达 1500 Mbps 和 3000 Mbps。我们可以看到,它们的上行、下行传输速率相差 10 倍之多,这样巨大的差别会让用户在使用时感觉特别明显。那么为何 LTE-A 能够增加传输速率? 原因是 LTE-A 在技术规格当中,使用了载波聚合的想法。载波聚合可以将连续或没有连续的载波频段以聚合的方式进行传输,若每个频段的带宽为 20 MHz,则聚合五个连续或不连续频段最高可以达 100 MHz 带宽,如图 5-23 所示。

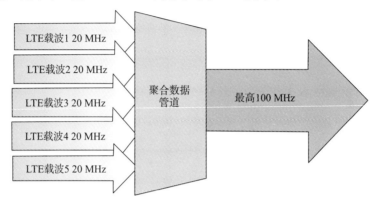

图 5-23　载波聚合

载波聚合的优点是它可以对零碎的、闲置的频带进行再利用,在聚合时没有限定一定要实行对称配置(意思是上传配置 10 MHz,下载就要跟着配置 10 MHz),也没有限定一定要同类型的双工收送方式,所以可同时聚合频分双工(FDD)与时分双工(TDD)的载波。LTE-A 也具有增强的多输入多输出(Enhanced MIMO)功能。原本在 LTE 规范中就支持 MIMO 技术,允许下行为 4×4 组天线,上行为 1×4 组天线;LTE-A 加强了 MIMO 技术,改为采用下行最高至 8×8 组天线,上行至 4×4 组天线,同时间提供多组的天线收发,增加传输速率。

4. CoMP

协作多点传输(Coordinated Multipoint Transmission/Reception,CoMP)是 LTE-A 的重要功能之一,协作多点是指多个基站之间的协调。当一部手机拨打电话或上网时所处的位置是在两个以上基站所共同覆盖的区域,则基站之间会相互协调由谁服务该手机(称为 Dynamic Cell Selection)。经协调后未工作的基站可暂时降低发送功率,减少区域的重叠覆盖(动态调整覆盖面积、覆盖边界),使真正提供服务的基站与手机间的干扰降低,以快速地完成传输,如图 5-24、图 5-25 所示。

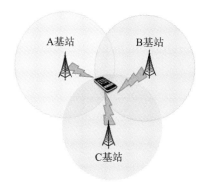

图 5-24　未使用协作多点传输,各基站之间互相干扰

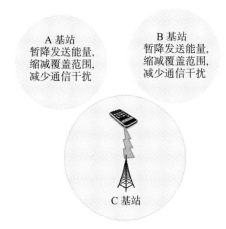

图 5-25　使用协作多点传输,C 基站能在较低干扰下服务终端设备

5. Relay Nodes

LTE-A 除了新增一些技术之外,还对 LTE 标准中的中继器(Relay)进行了改良,实现更先进的无线中继器(Wireless Relay)和中继节点(Relay Node)。如图 5-26 所示,我们可以看到,当用户在基站范围内时,可以享有基站所提供的服务。但是,若用户刚好在中继器的范围内,由于中继点只能提供部分服务,因此其余工作还要通过无线传输的方式,传回给基站完成。

中继器与基站不同,基站后方的网络主要是固接网络,而中继器是将传来的无线射频信号能量再放大,自身不用连接固接网络,且除了射频信号外,进一步将处理程序交给基站与更后端的系统负责。对比基站,架设中继器相对更容易,成本耗费也较少,只需要一个基站,在其末梢处架设中继点,即可延伸通信范围。这样可以补足基站未覆盖到的死角,支持机动和临时服务。

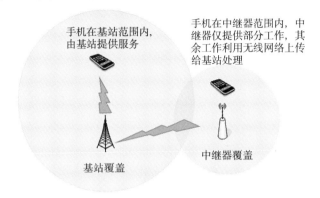

图 5-26   基站与中继器的对比

5.6   异构网络

前面几节介绍了负责帮助不同网络协议间沟通的网关,被称作精简版 IPv6 的 6LoWPAN,以及蓝牙、Wi-Fi、LTE 等近年来常被提及并运用的技术。本节将介绍异构网络这项连接各种不同网络协议或操作系统的网络架构及其可能面临的挑战。

由图 5-27 我们可以清楚地看出,所谓"异构网络",是指在不同网络或系统架构下所形成的网络。在图 5-27 的异构网络中,我们可以在 LTE、Wi-Fi 和蓝牙之间进行信息的交换与传输。除此之外,不同操作系统之间的局域网络,如 Windows 与 Linux 操作系统之间形成的局域网络也可以算是一种异构网络。异构网络技术可以使智能设备的应用范围更加广阔。

但是,要将各种不同的网络协议整合在一起运用并非易事。这就如同我们前往不同的国家旅行,当我们与外国人使用的语言不同时,彼此间的交流就会存在一些问题。除了本身使用的语言不同之外,风俗习惯不同也有可能造成沟通的困难。在下面的内容中,我们将会对异构网络有可能遇到的困难进行探讨。

当我们连接不同的系统或网络协议形成异构网络时,就不可避免地会遇到一些挑战。例如,物联网的智能设备间使用的通信协议一般是 Wi-Fi、

ZigBee 或蓝牙,这会产生一些问题,即以上通信协议几乎都是在 ISM 频段上运行的,这使得它们彼此之间的干扰以及碰撞的发生概率大大增加。这样的问题所带来的结果就是整体系统间的效率降低。而为了提升异构网络的效能,上面的问题势必需要我们找出解决方法。

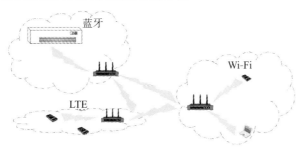

图 5-27　异构网络

在现有的解决方案中,利用各种智能设备进入网络,去对目前可以使用的频道进行扫描,同时将频道的噪声干扰值一同记录。如此一来,当智能设备要进入网络,只需要从已经记录的频道中选择出噪声干扰值较低的频道进行传送,就能大幅度降低不同协议之间的互相干扰。

本章介绍了物联网网络层的各项通信技术以及发展趋势。网络层作为纽带连接着感知层和应用层,其功能为"传送",即通过通信网络进行信息传输。网络层由各种有线和无线通信网络等组成,相当于人的神经中枢系统,负责将感知层获取的信息安全可靠地传输至云计算与数据分析层,然后根据不同的应用需求进行信息处理。而网关就是网络层上用以实现网络互联的设备。

相比于互联网,物联网的通信协议更加多样,信息碎片化,网关的重要性也由此凸显。现代物联网智能网关在物联网时代扮演非常重要的角色,它不仅是连接感知网络与传统通信网络的纽带,还可以实现感知网络与通信网络及不同类型感知网络之间的协议转换,既可以实现广域互联,也可以实现局域互联。此外,物联网智能网关还需具备设备管理功能。

在物联网中,要求网络层能够将感知层收集的数据无障碍地、可靠地、安全地传送给云计算与数据分析层。同时，物联网网络层将承担比现有网络更大的数据量，面临更高的服务质量要求，所以现有的网络尚不能满足物联网的需求，这就意味着物联网需要对现有网络进行融合和扩展，利用新技术以实现更加广泛和高效的互联功能。物联网的网络层自然也成为各种新技术（如 6LoWPAN、蓝牙、Wi-Fi、LTE 和 ZigBee 等）的舞台。

　　随着市场需求的不断增加，相信网关的功能将会不断更新、完善，网络技术将会向更快的传输速度、更宽的传输带宽、更高的频谱利用率、更智能化的接入和网络管理发展，为物联网的发展提供更好的服务。

第 6 章　物联网安全

物联网通过传感器、RFID 等与现实世界紧密结合的设备,将物理世界各实体联网,获取更丰富的现实世界的信息,并努力实现物与物之间、物与人之间、人与现实环境之间高效的信息交流,目前已成为战略性新兴产业之一。随着物联网应用的普及,物联网的安全问题成为物联网发展中的一大课题。在物联网建设和发展的高级阶段,物联网中的实体均具有一定的"智能",例如具有一定的计算、通信、感测和执行能力等。然而,广泛存在的"智能"实体可能会对小至个人、大至社会甚至国家造成新的威胁。由于物联网具有开放性,所包含的异构网络可以相互兼容,因此物联网业务范围也可以无限扩展。当社会和个人的信息(如社交网络信息、个人病例信息等)接入看似无边界的物联网后,可能会在任何时候、任何地方被非法获取或篡改。另外,当国家重要的基础行业和社会关键服务领域,如电力、医疗等都依赖于物联网时,国家基础领域的动态信息也将可能被窃取。讨论上述物联网安全问题不能脱离现实物理世界的环境,这是因为是生活在现实物理世界的人类创造了网络虚拟社会的繁荣,同时也是人类制造了网络虚拟世界的麻烦。这个规律可以用图 6-1 形象地描述。目前,物联网安全问题已经上升到国家层面,成为影响国家发展和社会稳定的重要因素。

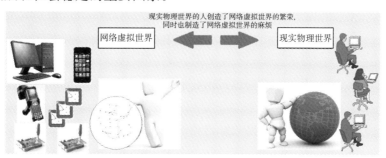

图 6-1　网络虚拟世界与现实物理世界的关系

物联网不同于传统网络,其传感器节点大都部署在无人监控的环境中,且具有固有的脆弱性、资源的有限性等特点。由于物联网是在传统网络的基础上扩展了感知网络和应用平台,因此它不仅存在与传感器网络、移动通信网络和传统互联网同样的安全问题,还存在其特殊的安全问题,如异构网络认证与访问控制、信息安全存储与管理等。传统网络的安全措施不足以提供可靠的安全保障,这使得物联网的安全问题具有特殊性,其安全问题更复杂。如 Skimming 问题,在末端设备或 RFID 持卡人不知情的情况下,信息被读取;Eavesdropping 问题,在一个通道的中间,信息被中途截取;Spoofing 问题,伪造复制设备数据,冒名输入系统中;Cloning 问题,克隆末端设备,冒名顶替;Killing 问题,损坏或盗走末端设备;Jamming 问题,伪造数据造成设备阻塞不可用;Shielding 问题,用机械手段屏蔽电信号,让末端无法连接等。针对上述问题,物联网发展的中、高级阶段面临如下五个特有的信息安全挑战。

①四大类(有线长、短距离和无线长、短距离)网络相互连接组成的异构、多级、分布式网络导致统一的安全体系难以实现"桥接"和过渡。

②设备大小不一、存储和处理能力的不一致导致安全信息(如 PKI Credentials 等)的传递和处理难以统一。

③设备可能无人值守、丢失或处于运动状态,连接可能时断时续,可信度差,以上种种因素增加了信息安全系统设计和实施的复杂度。

④在保证一个智能对象被数量庞大甚至未知的其他设备识别和接受的同时,又要保证其信息传递的安全性和隐私性。

⑤用户单一 Instance 服务器 SaaS 模式对安全框架的设计提出了更高的要求。

因此,在解决物联网安全问题时,必须根据物联网自身的特点设计相关的安全机制。

物联网安全的总体需求是物理安全、信息采集安全、信息传输安全以及信息处理安全的综合,安全的最终目标是确保信息的机密性、完整性、真实性和网络的容错性。因此,结合物联网分布式连接和管理模式,可以给出相应的安全体系结构模型,如图 6-2 所示。本章将分别对物联网安全体系结构中的感知层安全、网络层安全和应用层安全进行详细的阐述。

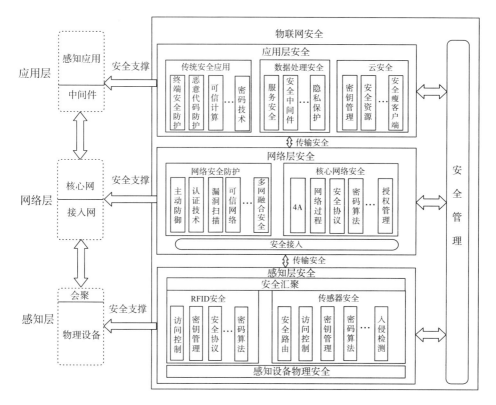

图 6-2　物联网安全体系结构

6.1　物联网的感知层安全

1. 感知层安全的重要性

物联网的感知层比较像人类的神经末梢,它的作用就是用来感测外在所有的信息,如信息采集、物体识别和抓取等。感知层中的数据通常要按感测、获取、汇集和融合的顺序处理,处理过程中不仅需要考虑采集信息时对隐私的保护,还要考虑传送和汇集时的隐私安全。

感知层的网络部分通常由传感器、一维条形码、二维条形码和 RFID 技术设备组成。经过搜集的信息通常都已经有很明确的使用目的,经过几次处理之后就可以直接被应用在日常生活中。例如,可穿戴设备(智能手环等)感测的人体心率、血压及运动量等信息,可用于随时监测人们的健康状况;道路监控摄像头捕捉的信息直接用于交通监控。而对各种传感器收集到的不同信息加以处理之后,不同信息之间经过互相协调、互补、综合利用,也可能影响传感器控制的调节行为,如感测到的光照和温度的数据有可能影响温度的调节等。而在物联网的概念中最重要的就是信息共用,因为如何将各传感器所感测到的信息相互有效处理将直接影响最后的利用。例如,交通监控录像可能同时被应用于公安案件侦破、城市规划设计和城市环境监测等方面。为了让信息互享和共用,就必须有一个综合处理平台——应用层,应用层将会负责处理这些收集到的信息。感知层在收集到信息之后,通过网络层的传输把信息传送到应用层,应用层再根据接收到的信息去做最适合的判断和控制。例如,智能电网通过感知层收集到电网和用户的信息后,经过网络层把信息传递给应用层,再排出最适合每个用户的用电时段;智能空调利用感知层收集用户使用空调的习惯和当下温度的信息后,再由应用层作出决策,判断何时该自动开启空调,调控温度。随着物联网的发展,人们的日常生活越来越便利,但是,在便利之下也隐藏着隐私泄露的风险。目前感知层主要由无线传感器网络及 RFID 系统所组成,因此,这两项系统要重视隐私的保护。

(1)RFID 系统的隐私安全问题。RFID 技术的应用日益广泛,在制造、零售和物流等领域均显示出了巨大的实用价值,但随之而来的是各种 RFID 的安全与隐私问题。主要表现在以下两个方面。

①用户信息隐私安全。RFID 读写器与 RFID 标签进行通信时,其通信内容包含了标签。当用户受到安全攻击时,可能会造成个人隐私信息的泄露。无线传输方式使攻击者很容易从节点之间传输的信号中获取敏感信息,从而伪造信号。例如身份证系统中,攻击者可以通过感知节点间的信号交流来获取机密信息、用户隐私,甚至可以据此伪造身份;如果物品上的标签或读写设备(如物流、门禁系统)信号受到恶意干扰,就很容易造成隐私泄露,从而造成重要物品损失。

②用户位置隐私安全。RFID 读写器通过 RFID 标签可以方便地感测到标签用户的活动位置,使携带 RFID 标签的任何人在公开场合被自动跟踪,造成用户位置隐私的泄露。在近距离通信环境中,RFID 芯片和 RFID 阅读器之间通信时,由于 RFID 芯片距离 RFID 读写器太近,以至于读写器的地点无法隐藏,从而引起位置隐私泄露的问题。

（2）无线传感器网络中的隐私安全问题。无线传感器网络包含了数据感测、采集、传输、处理和应用的全过程，面临着传感器节点容易被攻击者物理俘获、破解、篡改甚至部分网络为敌控制等多方面的威胁，可能导致用户及被监测物件的身份、行踪、私密数据等信息泄露。由于传感器节点资源受限，以电池提供能量的传感器节点在存储、处理和传输能力上都受限制，因此需要复杂计算和资源消耗的密码体制对无线传感器网络并不适用，这就带来了隐私保护的挑战。

无线传感器网络中的隐私问题可分为面向数据的隐私安全和面向位置的隐私安全。无线传感器网络的中心任务在于对感测数据的采集、处理与管理。面向数据的隐私安全主要包括数据聚合隐私和数据查询隐私。定位技术是无线传感器网络中的一项关键性基础技术，其提供的位置信息在无线传感器网络中具有重要的意义，在提供监测事件或目标位置信息、路由协议、覆盖品质及其他相关研究中有着关键性的作用。然而，节点的位置信息一旦被非法滥用，也将导致严重的隐私安全问题；由于节点位置信息在无线传感器网络中往往有标志性的作用，因此位置隐私在无线传感器网络中具有特殊而关键的地位。

由于感知层要接入其他网络，因此有可能遭受到来自外在网络的攻击，如 DoS 攻击等。传感器节点资源对抗 DoS 攻击的能力较弱，如果该攻击无法被识别，就可能使传感器网络瘫痪。因此，感知层的安全应该包括节点抵抗 DoS 攻击的能力。另外，感知层接入外在网络所带来的问题不仅包括如何抵御外来攻击的问题，还包括如何与外部设备相互认证的问题。如何有效地识别海量的外部接入设备，并花费较少的计算和通信代价进行认证，是需要解决的关键安全问题之一。

2. 无线传感器网络的安全问题

无线传感器网络可以看成由数据获取网络、数据分布网络和控制管理中心三部分组成。其主要组成部分是集成有传感器、数据处理单元和通信模组的节点，各节点通过协议自动组成一个分布式网络，再将采集来的数据优化后经无线电波传输给信息处理中心。

因为节点的数量巨大，且处在随时变化的环境中，所以无线传感器网络有着不同于普通传感器网络的独特"个性"。

①无中心和自组网特性。在无线传感器网络中，所有节点的地位都是平等的，没有预先指定的中心，各节点通过分布式算法来相互协调，在"无人值守"的情况下，节点就能自动组织起一个感测网络。由于没有中心，网络便不会因单个节点的脱离而受到损害。

②网络拓扑的动态变化性。由于网络中的节点处于不断变化的环境中，无线传感器网络的状态也在相应地发生变化，加之无线通信通道的不稳定性，因此网络拓扑也在不断地调整变化，而这种变化方式是无人能准确预测的。

③传输能力的有限性。无线传感器网络通过无线电波进行数据传输，虽然省去了布线的烦恼，但是相对于有线网络，低频宽则成为它的"天生"缺陷。同时，信号之间存在相互干扰，信号自身在不断地衰减也是其缺陷所在。不过由于单个节点传输的数据量并不算大，因此这个缺点还是能接受的。

④能量的限制。为了感测真实世界的具体值，各个节点会密集地分布于待测区域内，人工补充能量的方法已经不再适用。每个节点都要储备可供长期使用的能量，或者自己从外汲取能量（如太阳能）。

⑤安全性的问题。无线通道、有限的能量、分布式控制都使无线传感器网络更容易受到攻击。被动窃听、主动入侵、拒绝服务则是这些攻击的常见方式。因此，安全性在网络的设计中至关重要。

在物联网的感知层中，无线传感器网络扮演相当重要的角色，且对自己的信息安全有更高的要求，不仅要完成节点数据的采集，还要完成对节点的控制，即可感、可知和可控。为了能更好地为无线传感器网络提供安全机制，首先必须分析它们的安全需求。无线传感器网络从节点的数据，到数据路由与传输、数据融合，再到数据处理和应用，都具有安全需求特征。

(1)无线传感器网络安全需求。无线传感器网络具有数据获取、传输、融合、预处理以及任务协同控制等功能。为了抵御各种攻击，保证数据的机密性、可靠性、数据融合的完整性，以及数据传输的安全性等，有下述若干方面的安全需求。

①保密性（Confidentiality）。由于无线传感器网络采用共享的无线传输通道来进行信息传输，因此有心人士可以轻易地窃听或截取传感器节点之间交换的信息。隐私保护对于信息来说是相当重要的一个环节，因此，对信息

进行加密就显得非常重要。例如在监视患者的病情时,由于病情是患者隐私的一部分,因此必须对此信息进行加密,以确保不会被人窃取利用,如图 6-3 所示。此外,隐私保护对于公共信息、军事、网络金钥及管理等都是相当重要的一环,如图 6-4、图 6-5 所示。

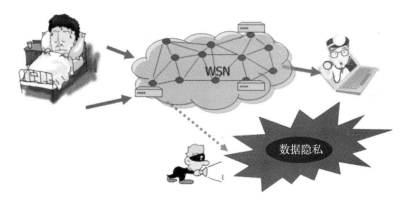

图 6-3　病情监测中的数据隐私攻击

图 6-4　野生动物保护中的位置隐私攻击

②完整性(Integrity)。完整性表示信息在传递的过程中没有被修改或伪造。就算信息因为保密性而不会被有心人士取得,但在传输期间却无法保证其完整性,因此对信息进行消息认证是非常重要的一个步骤,可以确保数据的完整性。而接收者如果在接收到信息之后,发现信息被修改过,也应立

即采取相应的防范及补救措施。

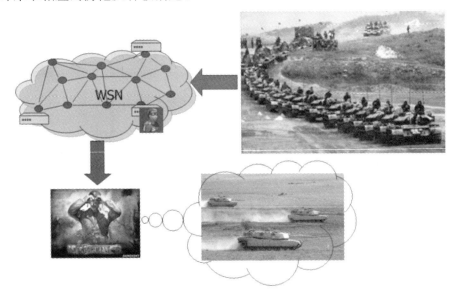

图 6-5　战场监视中的资料完整性攻击

③可用性(Availability)。可用性是为了确保信息与系统能够持续运营、正常使用。当合法用户要求使用信息系统时,如电子邮件、应用系统等,均可以在适当的时间内获得回应及所需服务。可用性需要与前述的保密性、完整性配合在一起考虑,以符合既定的信息安全目标。三者如无法整体考量、密切配合,反而可能造成问题。例如,只考虑保密性,将网络信息加密,或因记录稽核而影响系统回复时间,甚至延缓系统服务效能,都违反可用性的原则。

④即时性(Freshness)。在网络越来越发达的今天,网络数据流程是随着时间变化的,因此只确保前述数据安全的三要素还是不够的。确保每笔数据的即时性,也间接地确保了非法用户不能使用重放攻击。

⑤接入控制(Access Control)。接入控制的目的在于有效管理进入系统的用户及每个等级的用户能够获取的资源。接入控制的设立能让非法用户无法顺利地获取资料。可用于设立接入控制的方法有声控、资源授权、登录控制、用户识别码、授权核查等。

⑥身份认证(Authentication)。身份认证包含节点到节点认证和组播广播认证两种方式。节点到节点认证表示在接受另一个节点所传输的信息时,

要确保这个封包就是从此节点传输的,并不是恶意的封包;组播广播认证是指可以解决单一节点对一组节点发送统一告示的安全问题,简单来说,就是传送者只有一个,而接收者可以有好几个。这两种认证是完全不同的认证方式。

⑦自治性(Self-Organization)。所谓"自治性",就是以某种形式由最初无序的系统各部分之间的局部相互作用产生的整体秩序。无线传感器网络就是一个典型的例子。在网络中每个节点都可以发出数据、传输数据、接收数据,且每个节点均相互独立。新生成的节点可以顺利地加入这个网络;淘汰的节点可以自动地消失。但有自治性的网络由于没有特定的架构来统一管理,因此相对比较脆弱,容易遭非法用户攻击。

⑧时间同步性(Time Synchronization)。无线传感器网络采用时间同步机制后,便可有效地节省能量。此外,定时休眠和发送信息时,也必须依靠节点的时间同步机制。

⑨安全定位(Secure Localization)。当非法用户篡改或伪造定位信息时,就需要一个安全的定位机制来保护无线传感器网络中定位信息的精确度和可信度。这些应用能有效地发现错误的定位信息,可应用在重要人员的监控等领域。

⑩安全管理(Security Management)。安全管理分为两大类:安全维护和安全引导。安全维护包括通信中密钥的更新以及变更网络时所引起的安全问题处理。安全引导的过程则是无线传感器网络中最重要且最有挑战性的部分,是指一个网络系统从单一的、独立的且没有加密频道保护的集合,依照协议机制,慢慢地形成完整并且具有保护的安全网络的过程。在以前的网络中,安全引导包括双方通信时的身份认证、密钥认证等。可以说,安全协议是网络安全中最重要、最基础、最核心的部分。

(2)无线传感器网络安全威胁。比起传统网络来说,无线传感器网络会因为本身的特性而面临更多的威胁。非法用户会通过许多漏洞直接得到节点中的加密信息或随意篡改节点中的程序代码,也可通过取得储存在节点中的代码、密钥等机密信息,伪装成合法的节点加入无线传感器网络中。控制网络中的一些节点后,就可以使用不同的攻击方式攻击网络,比如取得网络中传输的信息后,向网络发布伪造的路由信息、传输虚假信息或拒绝服务等。

　　想要解决问题就要对传输的信息进行加密,但加密需要一个有效、灵巧的密钥交换管理方案。密钥交换管理方案要容易部署,且考虑到节点资源有限的情况,也要保证当上述情况发生时,不会破坏整体网络的安全性(因为攻击者可以获取存储在这个节点中的生成工作阶段金钥的信息)。由于每个节点的记忆体均是有限制的,因此,在传感器网络中实现大部分节点间的点对点安全是非常困难的。但在传感器网络中可以实现信息的加密,这样一来节点只要与相邻的节点共用密钥就可以了。这样攻击者即使抓到了一个通信节点,也只能影响两个相邻节点的安全。但如果过度操控节点发送伪造的路由信息,就有可能影响整体的路由拓扑。解决这种问题可采用具有鲁棒性的路由协议,或者多路径路由,通过多个路径传送一部分信息,然后在目的地进行重建。

　　依照无线网络和传播的布置,非法用户通过点之间的传输可以很容易地获得机密或私人的信息。例如,在使用无线传感器网络监控室内温度和灯光的场景中,布置在室外的无线接收器便能取得室内传感器传送来的温度和灯光信息;同样地,也可以通过窃听取得室内及室外点之间的信息,从而非法获得房屋主人的个人隐私或生活习惯的信息。

　　网络中的传感信息只有在保证可信实体中才有访问权限,保证私有性最好的办法是访问控制、加密数据或限制网络传送的信息的细微性。信息越简单,越不可能泄漏较为隐私的信息。例如,簇节点能够通过对相邻节点接收到的大量信息进行汇集和处理,并且只传送处理的结果,来达到信息的匿名化。

　　表 6-1 所示为根据应用领域分析的一些可能的安全攻击和威胁,以及它们可能攻击的安全性体现。

表 6-1　根据应用领域分析的安全攻击和威胁
（A＝Availability, C＝Confidentiality, I＝Integrity, A＝Authentication）

应用领域	潜在的安全攻击与威胁	攻击的安全性体现			
		A	C	I	A
军事应用	采用 DoS 攻击干扰网络的各层协定	√		√	
	窃听机密信息		√		
	提供错误的信息				√

续表

(A＝Availability，C＝Confidentiality，I＝Integrity，A＝Authentication)

应用领域	潜在的安全攻击与威胁	攻击的安全性体现			
		sA	C	I	A
灾难监测与营救	提供错误的信息，引起国民巨大恐慌和财政损失				√
工业应用	偷听对手的商业信息与秘密		√		
	通过人为提供错误信息引起传感信息错误，从而有意破坏工业流程	√		√	√
农业应用	传感器节点失灵引起错误判断			√	
环境监测	传感器节点采集数据正确性不够			√	
智能楼宇	传感器节点失灵	√		√	
	传感器节点被捕获				√
医疗健康监测	传感器节点失灵引起错误诊断和治疗			√	
监狱监控	传感器节点失灵	√		√	
	传感器节点被捕获	√	√		√
空间探测	传感器节点失灵	√		√	
交通运输	传感器节点失灵	√		√	

(3)无线传感器网络安全机制。无线传感器网络中，最小的资源消耗和最大的安全性能之间的矛盾，是传感器网络安全性的首要问题。通常两者之间的平衡需要考虑有限的能量、有限的存储空间、有限的计算能力、有限的通信频宽和通信距离等五个方面的问题。无线传感器网络在空间上的开放性，使攻击者可以很容易地窃听、拦截、篡改、重播数据包。网络中的节点能量有限，使无线传感器网络易受到资源消耗型攻击。同时，由于节点部署区域的特殊性，攻击者可能捕获节点并对节点本身进行破坏或破解。另外，无线传感器网络是以数据通信为中心的，将相邻节点采集到的相同或相近的数据发送至基站前要进行数据融合，中间节点要能访问数据包的内容，因此不适合使用传统的端到端的安全机制。通常采用链路层的安全机制来满足无线传感器网络的要求。安全目标主要包括数据的保密性、完整性以及可用性三个方面，这里结合对网络整体安全性能的要求，根据网络通信协议栈的不同层次描述其防御方案。

①物理层。物理层的主要功能是完成频率选择、载波生成、信号检测和数据加密，其所受攻击通常有拥塞攻击和物理破坏两种。

第一，拥塞攻击。攻击节点在无线传感器网络的工作频段上不断地发送无用信号，可以使攻击节点通信半径内的节点不能正常工作。如果这种攻击节点达到一定的密度，整个网络将面临瘫痪。

拥塞攻击对单频点无线通信网络影响很大，采用扩频和跳频的方法可很好地解决它。

第二，物理破坏。无线传感器网络节点分布在一个很大的区域内，很难保证每个节点都是物理安全的。攻击者可能俘获一些节点，对它进行物理上的分析和修改，并利用它干扰网络的正常功能，甚至可以通过分析其内部敏感信息和上层协议机制，破坏网络的安全性。

为了对抗物理破坏，可在节点设计时采用抗篡改硬件，同时增加物理损害感知机制。另外，可对敏感信息采用羽量级的对称加密算法进行加密存储。

②数据链路层。数据链路层为相邻节点提供可靠的通信通道。MAC 协议分三类：确定性分配、竞争占用和随机访问。其中随机访问模式比较适合无线传感器网络的节能要求。随机访问模式中，节点通过载波监听的方式来确定自身是否能访问通道，因此易遭到拒绝服务（Denial of Service，DoS）攻击。一旦通道发生冲突，节点使用二进制指数退避算法确定重发数据的时机。攻击者只需产生一个字节的冲突，就可以破坏整个数据包的发送，这时接收者回送数据冲突的应答确认字符，发送节点则倒退并重新选择发送时机。如此这般反复冲突，节点不断倒退，导致通道阻塞，且很快耗尽节点有限的能量。

目前对抗这种 DoS 攻击没有很好的解决方案，可采用通道监听机制降低冲突率。若攻击者只是瞬间攻击，只影响个别数据位，可采用改错码的方法进行对抗。

③网络层。路由协议在网络层实现。无线传感器网络中的路由协议有很多种，主要可以分为三类，分别是以数据为中心的路由协议、层次式路由协议以及基于地理位置的路由协议。大多数路由协议都没有考虑安全的需求，易遭到攻击，从而使整个无线传感器网络崩溃。通过认证、多路径路由等方法可以抵御大部分的攻击，采用密钥分配、加密和身份认证等方法可以抵御

小部分的攻击。

④传输层。传输层用于建立无线传感器网络与互联网或者其他外部网络的端到端的连接。目前在无线传感器网络的大多数应用中,都没有对于传输层的需求,传输层协议一般采用传统网络通信协议。

⑤应用层。应用层提供了无线传感器网络的各种实际应用,因此也面临各种安全问题。密钥管理和安全性群组播为整个无线传感器网络的安全机制提供了安全支撑。无线传感器网络中采用对称加密算法、低能耗的认证机制和 Hash 函数。目前普遍认为可行的密钥分配方案是预分配,即在节点部署之前,将密钥预先配置在节点中。

表 6-2 给出了一些典型的针对无线传感器网络的攻击和对应的防御机制。

表 6-2　典型攻击分析

攻击类型	对应的网络层次	可采用的防御机制
干扰攻击	物理层	光通信
篡改攻击	物理层	有效密钥管理机制
耗尽攻击	数据链路层	速率限制
冲突攻击	数据链路层	校验码
槽洞攻击	网络层	认证、监测、冗余
虫洞攻击	网络层	监测、灵活的路由选择
泛洪攻击	网络层	双向认证、三次握手协议
操纵攻击	网络层	认证、加密
选择性传递攻击	网络层	冗余、刺探
女巫攻击	网络层	认证
洪流攻击	传输层	限制连接数量、用户质询
克隆攻击	应用层	密钥对唯一

(4)无线传感器网络数据融合安全。由于无线传感器节点资源受限,近年来,数据融合技术逐渐发展起来。数据融合技术的核心是融合来自不同信息源的数据,通过数据压缩、特征提取等手段去除冗余信息,减小数据传输量,从而达到降低网络能耗、延长网络生命周期、提高数据收集效率和准确度的目的。由此可见,数据融合是缓解无线传感器网络资源受限的重要方法之一。然而,数据融合使无线传感器网络在数据完整性、隐私保护等安全性能

上面临许多新的挑战。如果融合数据被窃听或篡改,将导致隐私泄露、基站决策错误,甚至造成重大安全事故。

数据融合操作面临的攻击方式主要包括被动攻击和主动攻击两种类型。被动攻击主要是指攻击者通过窃听或破译密码的方式非法窃取节点数据或数据融合结果。主动攻击主要是指攻击者通过主动干扰的方式来伪造或篡改数据融合结果,欺骗基站用户接收非法数据。安全需求主要包括保密性、完整性和即时性、身份认证以及可用性等四个方面,安全需求与数据融合过程的相互关系如图 6-6 所示。由于数据融合需要对数据进行重组,因此实现上述安全需求必将面临更多的困难和挑战。

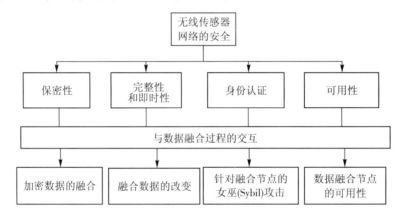

图 6-6　安全需求与数据融合过程的相互关系

安全数据融合协议致力于实现以上无线传感器网络的安全目标。然而,无线传感器网络和数据融合算法的固有特征是其应用于实际的关键之一,但也使其在数据完整性保护、隐私保护等安全性能上面临许多新的挑战。

随着物联网和信息物理融合系统(Cyber-Physical System,CPS)应用的不断发展,无线传感器网络的应用环境和需求也会不断发生变化,难以构造统一的数据安全机制,而无线传感器网络中传输的隐私数据如果被泄露或篡改,将会造成严重的后果。例如,在医疗监控系统中,节点可以获得病人的血压、体温和脉搏等隐私信息。但无线传感器网络中的无线信道是不安全的,在点到点的数据融合方式中,节点间传输的数据易被网内可信节点和网外攻击者捕获、偷听,导致病人的隐私被暴露,甚至被篡改,进而导致病情诊断错误,造成医疗事故。

因此,在无线传感器网络的实际应用中,对传输的融合数据同时进行数据完整性保护和隐私保护是不可或缺的。然而,同时获得隐私保护和完整性保护往往比较困难,因为前者需要隐藏节点的真实数据,而后者需要获取节点的真实数据才能判断其完整性,这两者的需求往往是互相冲突的。另外,如果恶意节点在数据融合的过程中注入虚假数据,那么不仅会破坏融合数据的完整性,也会消耗节点有限的能源和网络带宽。因此,尽早检测和丢弃虚假数据,对保证网络可靠性和可用性至关重要。

无线传感器网络的安全需求可以通过应用对称或非对称加密机制实现。由于传感器节点的资源限制,从能耗角度来看,对称加密机制优于非对称加密机制。因此,一些基于对称加密机制的安全数据融合协议最先被提出。这些协议采用点到点数据融合模式,即融合节点必须在收到报文时对报文进行解密得到明文,然后根据相应的融合函数对明文进行统计分析和计算,并将计算结果加密后转发给下一跳融合节点。点到点数据融合方案的优点在于它适用于多种数据融合方式,如求均值、最大值和最小值等,但也存在以下缺点:

①为了实现加解密,相邻融合节点之间需要建立共享密钥,因此密钥预分配过程存在安全隐患。

②点到点的安全数据融合协议需要在融合节点解密子节点数据,无法保证子节点数据的隐私性。

③逐跳加解密方式增加了能耗和数据传输延迟。

为了解决上述问题,端到端的无线传感器网络安全数据融合协议被提出。该类协议一般采用同态加密技术和数字水印技术,可以直接对密文进行融合计算,提供端到端的数据保密性服务,同时可以减少由于点到点加解密而导致的能耗和传输延迟。

3. RFID 安全与隐私

RFID 是一种自动辨识人与物、物与物的技术,在商业上应用于仓储管理与工厂生产流程管理,具有一定的便利性,方便电子设备辨识物体或人,也方便对需要身份辨识的地区进行直接且快速的识别,或对物流管理进行位置追踪,具有十分广泛的应用,如图 6-7 所示。RFID 已经成为物联网等新兴战略性产业中的重要支撑技术之一。

(a)门禁系统　　　　　　　　　　　　　　(b) 商品防伪

(c)图书管理

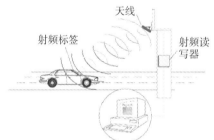

(d)高速公路自动收费系统

(e)危险品管理　　　　　　　　　　　　　　(f) 动物识别

图 6-7　RFID 应用示例

RFID 凭借着自身体积小、读写快、可重复使用、无线通信等特点,在各行各业得到广泛的应用。但也因为这些特点,致使 RFID 在隐私及信息安全上面临一些挑战。例如,德国汽车协会发表的一篇测试报道称,该协会的测试人员利用低成本且容易获取的电子零件,制作出能窃取汽车智能钥匙信号的窃车装置。该装置先利用破解装置靠近钥匙可能存在的范围进行搜索,一旦搜索到钥匙的 RFID 信号,即将信号放大并传送到站在目标车辆旁的另一名窃贼手上,使汽车误认为钥匙靠近车辆,进而提供车辆解锁与发动等服务,致使车辆失窃。

(1)RFID 面临的风险。安全问题是现代通信技术发展的最大阻力之一,RFID 也不例外。虽然 RFID 为人类的生产和生活带来了极大的便利,但目前还没有形成一套标准的安全机制。若资料未经加密或不具有完善的存取机制,不法分子就可以运用相关技术任意地读取 RFID 标签上的数据,甚至进行篡改,导致标签上信息的泄露和改变。

由于 RFID 是通过射频信号(电磁波)来传递信息的,因此多数无线通信技术都会遇到安全威胁,导致下列问题。

①RFID 伪造。根据计算能力,RFID 可以分为三类:普通标签、使用对称密钥的标签和使用非对称密钥的标签。其中,普通标签不做任何加密处理,很容易被伪造,但是却被广泛应用在物流管理和旅游业中。攻击者可以将信息轻易地写入一张空白的 RFID 标签或者修改一张现有的标签,以获取使用 RFID 标签进行认证的系统对应的存取权限。对于普通标签,攻击者可以做以下三件事:

a. 修改现有标签中的数据,使一张无效标签变为有效标签,或者相反,将有效标签变为无效标签。例如,可以通过修改商品的标签内容,然后以一个较低的价格购买一件昂贵的商品。

b. 同样还是修改标签,不过是将一个标签的内容修改为另一个标签的内容,就是"狸猫换太子"。

c. 根据获取到的别人的标签内容来制造一张自己的标签。

因此,在身份证等包含敏感信息的系统中使用 RFID 标签时,一定要使用加密技术。如果不得不使用普通标签,一定要确保配有相应的安全规范、监控和审计程序,以检测 RFID 系统中任何的异常行为。

②RFID 嗅探。RFID 嗅探是 RFID 系统中一个主要的问题。RFID 读写器总是向标签发送请求认证的信息，当读写器收到标签发送的认证信息时，它会利用后端数据库验证标签认证信息的合法性。但不幸的是，大部分的 RFID 标签并不认证 RFID 读写器的合法性，那么攻击者可以使用自己的读写器去套取标签的内容。

③跟踪。通过读取标签上的内容，攻击者可以跟踪物体或人的运动轨迹。当标签进入读写器可读取的范围内时，读写器可以识别标签并记录下标签当前的位置。无论是否对标签和读写器之间的通信进行加密，都无法逃避标签被追踪的事实。攻击者可以使用移动机器人来跟踪标签的位置。

④拒绝服务。当读写器收到来自标签的认证信息时，它会将认证信息与后端数据库内的信息进行比对。读写器和后端数据库都很容易遭受拒绝服务攻击。当出现拒绝服务攻击时，读写器将无法完成对标签的认证，并导致其他相应服务的中断。因此，必须确保读写器和后端数据库之间有相应的防范拒绝服务攻击的机制。

⑤欺骗。在欺骗攻击中，攻击者常常将自己伪造成一个合法的用户。有时，攻击者会把自己伪造成后端数据库的管理员，如果伪造成功，那么攻击者就可以随心所欲地做任何事，例如，响应无效的请求，更改 RFID 标识，拒绝正常的服务或者直接在系统中植入恶意程序代码。

⑥否认。所谓"否认"，是指用户在进行了某项操作后拒绝承认他曾做过。当否认发送时，系统无法验证该用户究竟有没有进行过这项操作。在 RFID 使用中，存在两种可能的否认：一种是发送者或接收者可能否认进行过某项操作，如发出一个 RFID 请求，此时没有任何证据可以证明发送者或接收者发出过 RFID 请求；另一种是数据库的拥有者可能否认他们给予过某件物品或人任何标签。

⑦插入攻击。在这种攻击中，攻击者试图向 RFID 系统发送一段系统命令而不是原本正常的数据内容。一个最简单的例子就是，攻击者将攻击命令插入标签存储的正常数据中。

⑧重传攻击。攻击者通过截获标签与读写器之间的通信，记录下标签对读写器认证请求的回复信息，然后将这个信息重传给读写器。

⑨物理攻击。物理攻击发送攻击者能够在物理上接触到标签并篡改标

签的信息。物理攻击有多种方式。例如,使用微探针读取、修改标签内容;使用 X 射线或者其他射线破坏标签内容;使用电磁干扰破坏标签与读写器之间的通信。另外,任何人都可以轻易地使用小刀或其他工具人为地破坏标签,这样读写器就无法识别标签了。

⑩病毒。同其他信息系统一样,RFID 系统很容易遭受病毒的攻击。多数情况下,病毒的目标都是后端数据库。RFID 病毒可以破坏或泄露后端数据库中存储的标签内容,拒绝或干扰读写器与后端数据库之间的通信。为了保护后端数据库,一定要及时修补数据库漏洞和规避其他风险。

(2)RFID 的安全与隐私权原则。RFID 的安全和隐私保护与成本之间是相互制约的。因其安全性受成本的影响,集成电路门电路数量被限制在 7.5~15 kB,使现有较强大的密码技术难以应用,因而存在安全隐私问题。一个优秀的 RFID 安全技术解决方案应该是平衡安全、隐私保护与成本的最佳方案。RFID 标签已逐步进入我们的日常生产和生活中,同时也给我们带来了许多新的安全和隐私问题。对低成本 RFID 标签的追求使得现有的密码技术难以应用。如何根据 RFID 标签有限的计算资源,设计出有效的安全技术解决方案,仍然是一个非常具有挑战性的课题。为了有效地保护资料安全和个人隐私,引导 RFID 的合理应用和健康发展,还需要制定完善的有关 RFID 安全与隐私保护的法规和政策。

RFID 主要面临读写器位置隐私、用户信息隐私和用户位置隐私等隐私问题,下面介绍几种对应的隐私保护方法。

1)安全多方计算。针对 RFID 读写器位置隐私,一种有效方法是使用临时密码组合保护并隐藏 RFID 的标志。

2)基于加密机制的安全协议。对于用户的数据、位置隐私问题以及防止未授权用户访问 RFID 标签的研究,主要是基于加密机制实现保护。密码机制的主要研究内容是利用各种成熟的密码方案和机制来设计与实现符合 RFID 安全需求的密码协议,主要包括以下几类安全协议。

①基于 Hash 函数的方法。

a. Hash 锁协议。为了避免信息泄露和被追踪,Hash 锁协议使用 metaID 来代替真实的标签 ID,标签对读写器进行认证之后,再将其 ID 发送给读写器。这种方法在一定程度上防止了非法读写器对标签 ID 的获取,但每次传送的 metaID 保持不变，容易受到攻击。

b.随机化 Hash 锁协议。为了弥补 Hash 锁协议的不足，随机化 Hash 锁协议采用基于随机数的挑战-应答机制，标签每次发给读写器的认证信息是变化的。

c.Hash 链协议。Hash 链协议采用基于共享秘密的挑战-应答机制，要求标签使用两个不同的 Harsh 函数，读写器发起认证时，标签总是发送不同的应答。

Hash 函数计算量小、资源损耗低，且具有伪随机性和单向性，可保证 RFID 标签的安全性，能有效防止标签信息泄露和被追踪。但在 Hash 链中认证时，服务器端的负载会随着标签数量的增加而成比例地增长。Hash 锁和随机化 Harsh 锁的工作机制如图 6-8 和图 6-9 所示。

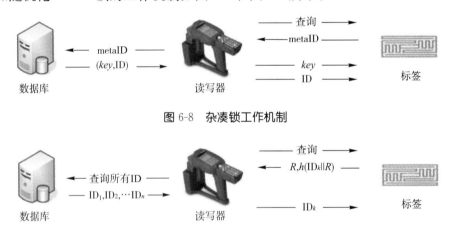

图 6-8　杂凑锁工作机制

图 6-9　随机化 Harsh 锁工作机制

②重加密方法。基于公钥加密体制实现重加密（即对已加密的信息进行周期性再加密），标签可以在用户请求下通过协力厂商数据加密装置定期地对标签数据进行重写。

由于该方法中标签和读写器间传递的加密 ID 信息变化很快，使得标签电子编码信息很难被盗取，非法跟踪也很难实现，因此具有较高的隐私性和灵活性。但其使用公钥加密机制，运算量大、资源需求较多。

③匿名 ID 方法。匿名 ID 方法可用于保护 RFID 用户的数据和位置隐私。该方法中标签存储的是匿名 ID。具体方法如下：

a. 当标签对读写器进行回应时,发送匿名 ID 给读写器。

b. 读写器把收到的匿名 ID 转发给后台服务器,由服务器进行解密。

c. 服务器把解密后的 ID 发送给读写器。

匿名 ID 方法通过协力厂商数据加密装置生成匿名标签 ID,其实施前提是读写器与后台服务器的通信建立在可信通道上。攻击者即使在消息传递过程中截获标签信息,也不能获得标签的真实 ID。

匿名 ID 方法通过加密标签 ID 防止标签隐私信息的泄露。加密装置可以采用添加随机数等方法,资源消耗低、灵活性好。但为了防止用户的位置信息被追踪,需要定期更新标签中已加密的 ID,如果更新时间间隔太长,则隐私保护性能会大大降低。

④其他方法。近年来,出现了一些新的隐私保护认证方法,包括基于遮罩的方法、带方向的标签、基于中介软件的方法、基于策略的方法等。由于篇幅所限,这里不再详细介绍,有兴趣的读者可以参阅相关文献。

(3)相关政策和法规解决方案。除了上述技术解决方案以外,还应制定完善的政策和法规来加强 RFID 安全和隐私的保护。例如,2002 年,Garfinkel 提出了一个 RFID 权利法案,指明了 RFID 系统创建和部署的五大基本原则,即 RFID 标签产品的用户具有如下权利:有权知道产品是否包含 RFID 标签;有权在购买产品时移除、无效化或摧毁嵌入的 RFID 标签;有权对 RFID 标签做更好的选择,如果用户决定不选择 RFID 标签或启用 RFID 标签的 Kill 功能,用户不应丧失其他权利;有权知道他们的 RFID 标签内存储着什么信息,如果信息不正确,应有方法进行纠正或修改;有权知道何时、何地、为什么 RFID 标签被阅读或修改。

6.2 物联网的网络层安全

网络层的工作是将终端传感器所感测到的数据传往云端。由于物联网牵涉许多异构网络,信息在传输过程中的路径并不单一,因此衍生出更多的不确定性与复杂性。物联网是由大量的终端设备所组成的,其设备缺乏管理,数据量又非常庞大,更凸显了信息安全的重要性。此外,设备的多元应用使数据呈现多样化,数据的判断更是一大难题,这同时也增加了物联网的挑战。

1. 网络层的安全挑战

物联网网络层是由不同架构的网络相互联通的,因此在跨网络安全认证方面面临很大挑战。主要的安全挑战如下:

①非法接入攻击。

②DoS 攻击和 DDoS 攻击。

③假冒攻击和中间人攻击。

④信息窃听和数据篡改攻击。

⑤异构网络之间的网络攻击。

网络层如果不采取异构网络接入控制措施,就有可能面临非授权节点非法接入的问题,其后果可能直接导致网络层拥堵或者数据传输错误。目前物联网的网络层主要以互联网或下一代互联网为核心载体,因此大部分数据需要通过互联网传输。传统互联网面临的 DoS 攻击和分布式拒绝服务(Distributed Denial of Service,DDoS)攻击仍然存在,因此需要更好的应对措施。由于物联网的终端设备千差万别,对网络攻击的防御能力也各不相同,因此难以设计通用的安全方案,需要根据不同的网络性能和网络需求采取不同的防御措施。

2. 网络层的安全需求

(1)数据保密性。保证数据在传输过程中没有泄露内容。

(2)数据完整性。保证数据在传输过程中没有被非法篡改,或者能及时发现非法篡改的数据。

(3)检测和防御 DDoS 攻击。DDoS 攻击在传统网络中较为常见,在物联网中将更为显著。另外,物联网还需要解决如何对关键节点和脆弱节点的DDoS 攻击进行防御的问题。

(4)认证和密钥协商机制的一致性和相容性。物联网中的异构网络使用不同的认证和密钥协商机制,这给认证和密钥协商带来了困难,需要解决其一致性和相容性问题。

3. 网络层面临的安全威胁

物联网技术近年来发展迅速,终端设备的储存与运算能力也越来越强,但也因此面临更大的信息安全问题。物联网的终端设备上的人工制约并不多,但缺乏完整的保护机制。一旦遭受虚假数据攻击或 DDoS 攻击,整个物联网系统可能会出现巨大的错误,终端设备也可能遭受物理破坏,进而使其部分功能无效。

物联网的终端设备很多,由各种异构网络组成网络层。因为终端设备在传输数据时均使用无线通信界面,具有开放性,所以攻击者在进行数据拦截、篡改甚至伪造时均可以由无线设备获取信息。攻击的种类如图 6-10 所示。

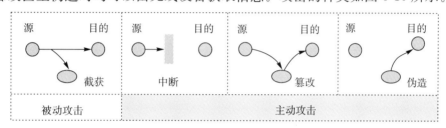

图 6-10　网络安全攻击的形式

物联网的各种异构网络(如电信网络、移动网络、WiMAX、Wi-Fi 等)和物联网的节点数量均与传统网络有很大差别,又因终端设备都赋予一个 IP,大量数据在传输时容易造成网络堵塞。物联网属于开放性的网络,所以DoS、DDoS 和假冒攻击可能会越来越严重,这也是下一代物联网通信面临的核心问题。

4. TCP/IP 安全

物联网是网际网络、传统电信网等的信息承载体,是让所有能行使独立功能的普通物体实现互联互通的网络,其核心和基础仍然是互联网。因此,物联网的网络层仍然主要面临现有 TCP/IP 网络的安全问题。由于篇幅所限,这里只重点介绍 IPv4 和 IPv6 的安全问题。

(1) TCP/IP 协议。TCP/IP(Transmission Control Protocol/Internet Protocol)即传输控制协议/网际网络协议,又称为网络通信协议。TCP/IP 协议是国际互联网络的基础,是互联网最基本的协议,由网络层的 IP 协议和传输层的 TCP 协议组成。TCP/IP 协议定义了电子设备如何连入互联网,以及数据传输的标准。TCP/IP 协议是一组协议的集合,TCP 协议集主要负责发现传输的问题,一旦有问题就发出信号,要求重新传输,直到所有数据安全正确地传输到目的地为止；而 IP 协议集主要负责给互联网中的每台电子设备规定一个网络地址。

TCP/IP 模型共四层结构，与 OSI(Open System Interconnection)模型结构对应，如图 6-11 所示。

TCP/IP	OSI
应用层	应用层
	表示层
	会话层
传输层（TCP）	传输层
网络层（IP）（又称互联层）	网络层
网络接口层（又称连接层）	数据链路层
	物理层

图 6-11 TCP/IP 与 OSI 模型结构对应图

①网络接口层（连接层）。网络接口层与 OSI 参考模型中的物理层和数据链路层相对应，是 TCP/IP 与各种 LAN 或 WAN 的界面。网络接口层在发送端将上层的 IP 数据包封装成帧后发送到网络上，数据帧通过网络到达接收端时，该接收端的网络接口层对数据帧拆封，并检查帧中包含的 MAC 地址是否是本机的 MAC 地址或广播地址，如果是则上传到网络层，否则丢弃该帧。

②网络层（互联层）。网络层对应 OSI 模型中的网络层，是整个体系结构的核心部分，也称通信子网层，是通信子网与网络高层的界面层，用于控制通信子网的操作，是通信子网与资源子网的界面。它的主要功能是处理来自传输层的分组发送请求，处理接收的数据包，处理互联的路径等。

③传输层（TCP）。传输层对应 OSI 模型中的传输层。该层是整个体系结构的控制部分，是 OSI 中最重要、最关键的一层，是唯一负责总体的数据传输和数据控制的一层，提供应用进程之间端到端的通信。传输层定义了传输控制协议 TCP 与用户数据报通信协议 UDP 两种协议。

④应用层。应用层对应 OSI 模型中的会话层、表示层和应用层，向用户

提供一组常用的应用程序,如远端登入、档案传输访问和电子邮件等。远端登入使用 Telnet 协议,提供在网络其他主机上注册的界面,Telnet 会话提供了基于字符的虚拟终端。文件传输访问 FTP,使用 FTP 协议来提供网络内电脑之间的复制功能。

(2) TCP/IP 的安全问题。IP 是 TCP/IP 协议族中网络层的协议,也是 TCP/IP 协议族的核心协议。目前 IP 协议共有 2 个版本,分别为 IPv4 和 IPv6。IPv4 是第一个被广泛使用的 IP 协议,是构成当前互联网技术协议的基石。它的下一个版本是 IPv6,IPv6 正处在不断发展和完善的过程中,它在不久的将来将取代目前被广泛使用的 IPv4。美国已经开始为已经与网络服务商签订 IPv6 协议的政府部门提供有条件的奖励政策。而欧盟希望跟随美国的步伐,促使其成员国的政府部门在这次转型过程中起到带头作用。

目前,现有的网络几乎都采用了 TCP/IP 协议。在最初的设计中,TCP/IP 是基于可信环境的,没有考虑安全性问题,而目前的物联网应用环境比较复杂,因此继续使用 TCP/IP 将会存在很多安全问题。TCP/IP 协议有一些常见安全性漏洞,如 HTTP 漏洞。HTTP 是 TCP/IP 套件中的应用程序层协议,用于构成来自 Web 服务器的网页的传输文件,这些文件的传输以纯文字形式进行,入侵者可以轻松地读取服务器和用户端之间交换的数据包。另一个 HTTP 漏洞是在初始化会话期间用户端和 Web 服务器之间的弱认证。此漏洞可能导致会话被劫持攻击,其中攻击者窃取合法用户的 HTTP 会话,且 IP 层容易存在许多漏洞。因为通过 IP 协议头修改,攻击者可以启动 IP 欺骗攻击。除上文所述,TCP/IP 协议族中还存在许多其他安全性漏洞。

如前所述,网络中存在大量的漏洞。因此,在传输期间,数据非常容易受到攻击。攻击者可以瞄准通信通道,获取数据,读取相同的数据或重新插入错误的消息,以达到其恶意目的。网络安全不仅关心通信链路每端的电脑的安全性,还希望确保整个网络是安全的。

6.3　物联网的应用层安全

物联网应用层设计的主要目的是满足各行各业在应用物联网时的业务需求,因其界面直接面对物联网用户,其安全问题更容易凸显出来。各种行业中应用的物联网不尽相同,大规模的异构网络和海量的数据更直接挑战网络的安全性和可靠性。在物联网的应用层中,隐私保护和管理等安全问题所带来的影响将会被放大。其隐私问题、云端安全性等数据安全问题将会是重大的考验。

1. 应用层的安全挑战

(1)海量终端设备产生的大数据识别和处理。

(2)隐私泄露。

(3)自动变为失控。

(4)智能变为低能。

(5)非结构化数据的访问控制。

(6)灾难控制和恢复。

(7)终端设备损坏或丢失。

2. 应用层的安全需求

应用层的漏洞并不单纯是应用服务器本身的缺陷,编写应用程序时的人为疏忽也时有所闻。以前应用层攻击并不普遍,最大的原因是各项应用服务所使用的服务器并不相同,虽然偶有零星的漏洞,但大多数都存在于服务器本身,而较少攻击应用程序。

应用层含有综合的或个体特性的具体应用业务,涉及的某些安全问题通过前面的安全解决方案可能仍无法解决。这些问题中隐私保护就是其中一种,无论是感知层还是传输层,都不涉及隐私保护的问题,这恰是一些特殊应用场景的实际需求。

应用层的安全需求如下:

(1)根据不同的访问权限对同一数据库内容进行筛选。

(2)能提供用户隐私保护,同时又能正确认证。

(3)能解决信息泄漏追踪问题。

(4)能对数据进行快速分类,并交给分布式平台进行高效处理。

(5)可以对密文进行快速搜索和处理。

(6)能保护电子产品和软件的知识产权。

(7)可以通过电脑取证。

3. 云计算安全

（1）云计算概述。云计算（Cloud Computing）是分布式计算技术的一种，其最基本的概念是通过网络将庞大的计算处理程序自动分拆成无数个较小的子程序，再交给由多部服务器组成的庞大系统，经搜寻、计算、分析之后，将处理结果回传给用户。通过这项技术，网络服务提供者可以在数秒之内，处理数以千万计甚至亿计的信息，提供和"超级计算机"相同效能的网络服务。自 2006 年 Google 首席执行官埃里克·施密特在搜索引擎大会首次提出"云计算"的概念以来，云计算得到了迅速发展并引起广泛关注，已经成为一个极具活力和影响力的研究领域。

云计算主要分为 IaaS、PaaS 和 SaaS 三种类型，不同的厂家提供了不同的解决方案，目前还没有一个统一的技术体系结构。这里综合不同厂家的方案，给出了一个供商榷的云计算体系结构，如图 6-12 所示，概括了不同解决方案的主要特征。

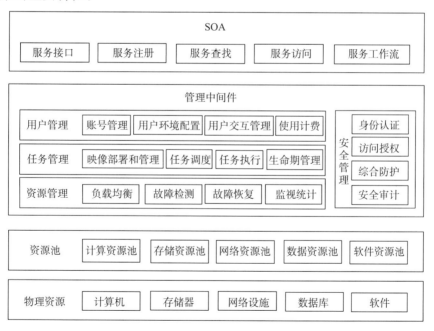

图 6-12　云计算体系结构图

云计算技术体系结构主要分为四层：物理资源层、资源池层、管理中间件层和面向服务架构（Service-Oriented Architecture，SOA）层。

物理资源层包括各种设备，如计算机、存储器、网络设施、数据库和软件等。

资源池层则类似于应用商业逻辑，将大量同类型的资源池集中管理，如计算资源地、数据资源池等。构建资源池更多是物理资源的集成和管理工作，例如研究解决散热问题和故障问题、提升性能等。

管理中间件层可用于资源的调度与管理，使其资源利用最大化，且安全地提供资源。任务管理需要调度任务、执行与管理任务生命周期。用户管理是商业应用中最重要的一环，包括账号管理、用户环境配置、用户交互管理、使用计费等，对信息的安全性与隐秘性要求很高。

SOA 层将整个云端计算能力进行封装与管理，将应用于企业中的各种软件架构进行整合，以组成新的架构平台，并且实现每个软件间的相互连接与应用，将杂乱无章的散沙系统组合成符合企业灵活运用要求的应用系统。

目前，云计算的主要服务形式有 SaaS、PaaS、IaaS 三种。基于上述体系结构，本文以 IaaS 云计算为例，简述云计算的实现机制，如图 6-13 所示。

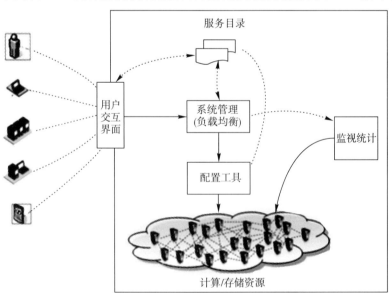

图 6-13　简化的云计算实现机制

用户交互界面以网络服务（Web Services）方式向应用层提供访问界面，获取用户需求。服务目录是用户可以访问的服务清单。系统管理模块负责管理和分配所有可用的资源,其核心是负载均衡。配置工具负责在分配的节点上准备任务运行环境。监视统计模块负责监视节点的运行状态,并完成用户使用节点情况的统计。执行过程是用户交互界面允许用户从目录中选取并调用一个服务。该请求传递给系统管理模块后,将为用户分配恰当的资源,然后调用配置工具来为用户准备运行环境。

(2)云计算中的安全问题。由于通过云计算服务可以极低的成本轻易取得大量的计算资源,因此已有黑客利用云计算资源作出滥发垃圾邮件、破解密码及作为僵尸网络控制主机等恶意行为。滥用云计算资源的行为极有可能造成云服务供应商的网络地址被列入黑名单,导致其他用户无法正常访问云端资源。例如,亚马逊 EC2 云服务曾遭到滥用,而被协力厂商列入黑名单,导致服务中断。之后,亚马逊改用申请制度,对通过审查的用户解除发信限制。此外,当云计算资源被作为网络犯罪工具滥用后,执法机关介入调查时,为保全证据,有可能导致对其他用户的服务中断。例如,2009 年 4 月,美国 FBI 在德州调查一起网络犯罪时,查扣了一家数据中心的电脑设备,导致该数据中心许多用户的服务中断。

传统数据中心的环境中,员工泄密时有所闻,同样的问题极有可能发生在云计算的环境中。此外,云服务供应商可能同时经营多项业务,在一些业务和计划开拓的市场中甚至可能与客户有竞争关系,其中可能存在着巨大的利益冲突,这将大幅增加云服务供应商内部员工窃取客户数据的动机。此外,某些云服务供应商对客户知识产权的保护是有所限制的。选择云服务供应商除了应避免竞争关系外,还应审慎阅读云服务供应商提供的合约内容。此外,一些云服务供应商所在国家的法律规定,允许执法机关未经客户授权,直接对数据中心内的数据进行调查,这也是选择云服务供应商时必须注意的。欧盟和日本的法律规定涉及个人隐私的数据不可传送及储存于该地区以外的数据中心。因此,需要研究如何保障云计算应用的安全,包括云计算平台系统安全、用户数据安全存储与隔离、用户接入认证、信息传输安全、网络攻击防护,乃至合规审计等多个层面的安全。

(3)云计算安全研究热点。当前,云计算安全已成为研究热点,主要的研究内容有:针对目前云计算平台有可能被恶意利用及云服务供应商不被信任的问题,研究云计算平台的可信与可控安全支撑关键技术,以及其可信服务和安全监测工具,实现和构建基于可信可控技术的云计算安全支撑平台,达到对云平台可信性的第三方评估能力;面向在中国落地的国内外主流的云平台,研究对应的第三方示范系统,并完成示范验证。目前的研究热点主要有以下五个方面。

①面向第三方的云平台可信评测技术。研究从第三方角度如何验证、审计和评测云平台的可信性,具体包括:可信评测模型与体系结构,面向第三方的云平台可信证据收集,云平台可信性远程验证与审计方法、协议,云平台可信评测方法的定量分析、测试和评价等。

②云计算环境中恶意行为检测技术。研究面向云环境的恶意行为监测技术、云平台问责和追溯技术、虚拟机自省(Virtual Machine Introspection,VMI)技术、数据主权边界检测技术、面向云环境的取证技术等,防止或及时检测云平台被恶意利用等。

③基于信息流的云安全追责、管控技术。研究以数据安全为中心的多粒度全程序信息流追责和管控技术;实施程序级、系统级、网络通信级三层管控,研究从系统历史访问控制日志、在已有策略中挖掘安全标记的方法;研究信息流控制策略的形式化验证技术,实现策略分析的自动化,使用分布式信息流控制、信息流跟踪、主体能力控制、权限传播控制等方法。

④云数据隐私保护技术。研究在云服务供应商不完全可信的条件下,如何既能保证用户数据的隐私性,又能利用云平台的计算和存储能力;研究基于密文数据的索引、访问和搜索技术,隐私感知的混合云数据访问技术,基于功能加密的密文计算技术,面向云环境的密文数据共享和分发技术等。

⑤云安全的可信服务及其示范应用。研究在所有权和控制权分离的云计算模式下,如何给用户提供可信的云服务;研究基于管理权限细分的可信云服务技术、基于可验证计算的云计算可信性检测和验证、云服务供应商和用户互信的系统记录和重放技术、云服务合同(Service-Level Agreement,SLA)的合规性检测技术、虚拟机可信迁移技术等。

4. 位置服务安全与隐私保护

随着定位感知技术的发展,人们可以更快速、精确地知道自己所在的位置,位置服务(Location Based Service,LBS)已成为移动互联网领域关注的焦点之一。位置服务能够与用户体验紧密联系,与用户生活、工作中的切实需要密切关联,特别是随着智能手机、平板电脑、导航仪等智能移动终端设备的普及和移动互联网的快速发展,位置服务不断衍生出与社交服务、生活服务、广告投放服务等关系密切的服务种类,催生出越来越多的发展空间。美国Foursquare 网站的迅速蹿红更是为业界树立起可供借鉴的对象,其"钱途"仿佛触手可及,引来众多追随者。苹果 AppStore 中的位置服务应用也越来越多。例如,某用户到了一个新的城市,对周边的生活环境不熟悉,就可以利用位置服务搜索附近有哪些宾馆、饭店、影院和超市等生活和娱乐场所,节省了用户盲目寻找所耗费的时间。同时,位置服务供应商也可以根据用户的位置给用户推荐所在地附近区域的旅游景点、休闲娱乐场所等信息,极大地方便了用户的生活。

然而,位置服务有一个前提,即用户如果要根据自己的位置获得服务,必须先将自己所在的位置告诉位置服务供应商。特别是在用户愿意更快速地获得服务,或者对位置服务相关保密设置不熟悉的情况下,位置服务供应商有可能会更加频繁地获得用户的位置信息,从而引发用户对自身隐私保护的关注。

近年来,iOS、Android 等几大手机操作系统软件先后暴露出用户信息被悄然采集并存储的问题,引发了社会各界的高度关注和政府的高度重视。由于许多位置服务软件都运行在这些操作系统之上,因此,位置服务的隐私保护问题再次被推到风口浪尖。

虽然大多数用户并不介意位置服务供应商为了供应位置服务而获取自己的位置信息,但这并不意味着用户愿意自己的信息被无所限制地获取。因为居心叵测的攻击者可能会利用位置服务窃取用户的位置信息从事非法活动。主要的隐私信息窃取手段有以下几种。

①供应商和用户之间的通信线路遭到攻击者的窃听,当用户发送位置信息给供应商时,攻击者就会获取用户相应的位置信息。

②供应商对用户的隐私数据保护不力,攻击者攻破了供应商存储用户位置信息的数据库服务器,从而获取用户信息。

③攻击者与供应商沆瀣一气,或将自己伪装成位置服务供应商,用户所有的位置隐私信息将会完全暴露在攻击者的面前。

因此,为了赢得用户信任,位置服务供应商就必须把握好分寸,探索并实现位置服务供应与用户隐私保护之间的平衡，在积极发展和推广位置服务这一方便人们工作和生活的增值服务的同时，必须切实保护用户的隐私不受侵犯。

在国家层面上，也应该出台相关的法律法规和标准规范，对个人隐私保护的相关法律和法规进行完善，明确企业可以为和不能为的界线，从更高层次上保护用户隐私。

在社会对个人隐私保护的广泛关注下，许多位置服务供应商已经主动在保护用户个人隐私方面采取了措施，例如用加密方式传输和保存用户位置信息，在服务协议中通过明确条件规定企业在用户隐私保护方面的责任等。但是，仍然有不少供应商还在采集超出实际使用需要的数据，或者用不安全的方法对相关信息进行传输和存储。这种情况下，政府相关部门、通信运营商应该同时行动起来，从行业标准角度起草制定位置服务隐私保护制度，通过提供能够被业界和社会普遍认可的行业自律规范，敦促更多位置服务供应商加强隐私保护工作，帮助更多用户明确自己在享受位置服务时所拥有的权益，从而能够基于市场机制，利用用户的选择权选择出更加注重用户隐私保护的企业和服务。

物联网的主要市场是商业应用，在商业应用中还存在大量的安全问题，如信任安全、信息隐藏和版权保护等。由于篇幅所限，不再一一介绍。

本章分别介绍了物联网感知层、网络层和应用层面临的安全问题和相应的对策。需要注意的是，物联网作为一个应用整体，各个独立层次的安全方案简单叠加无法提供可靠的安全保障，物联网与每个逻辑层所对应的基础设备之间也存在着本质区别。即使分别保证了感知层、网络层和应用层的安全，也不能确保整个物联网的安全，原因如下：

①物联网是多个逻辑层相互融合的系统，每一个逻辑层的安全需求和目标与其他逻辑层密切相关，许多安全问题来源于系统整合。

②物联网的数据共享、存储、传输和处理均对安全性提出了新的要求。

③物联网应用带来了新的安全问题，例如隐私保护贯穿于每一个逻辑层，单个逻辑层的隐私保护无法保证物联网应用的隐私保护需求等。

物联网是互联网的发展和延伸,是一个比较新的概念,其内涵还在不断地发展和成熟,面临的安全问题也错综复杂。互联网中存在的安全问题在物联网中也一定存在,但物联网具有区别于互联网的独特性,必然面临新的安全挑战。本章仅是对物联网的安全体系进行了一些初步的分析和探讨,以使读者对物联网的安全问题有一个基本的认识。

第7章　物联网的应用

通信技术的快速发展，为人们生活带来了科技自动化、信息网络化等改变，地球俨然已成为一个由庞大脉络所构成的城市网络。然而，面对如此错综复杂的网络信息，必须有一套对数据进行有效整合与管理的系统，于是"物联网"的概念应运而生。日常生活中所接触到的科技产品，小至日用的家电，大至公共的设施，皆可与物联网进行结合。当各种各样的网络信息扑面而来时，不论是政府、企业还是个人，都能借助物联网系统加以整合并分析这些信息，进而作出最好的决策。本章将物联网的应用技术分成五大类，分别为智能节能、智能交通、智能家庭、健康照护和物流运输。以下将依序介绍物联网在这五类不同应用领域的实例，读者将可以更直观地了解物联网对当今社会造成的影响。

7.1　物联网在智能节能中的应用

智能化监控并管理用电的时间与方式，已成为智能节能的重要课题。智能电网（Smart Grid）是一种现代化的输电网络，它运用了信息与通信技术，以数字或模拟信号来检测与收集供电端的电力配置状况和用电端的电力使用状况，再依据这些收集而来的电力历史信息，调整电力的生产与输配，以达到有效节约能源的目的。有鉴于此，智能电网被世界各国视为未来电力系统发展的主流，且已成为多国大力推动的能源建设发展重点，如中国、美国、英国、日本及欧盟国家等。智能电表基础建设（Advanced Metering Infrastructure，AMI）是发展智能电网的首要基础建设设施。下面我们将介绍智能电表基础建设。

智能电表基础建设是实现用电端与供电端双边电量信息交换的基础建设，能够让用电端实时查询自身用电设施的用电历史记录，用于调整自身用电习惯，也能够为供电端调整电量生产与配送提供参考，以达到用电与供电双方节能减排的目的。智能电表基础建设可分为感知层、网络层和应用层。下面我们将分别介绍每一层的内容。

就感知层而言,它是智能电表基础建设中的先锋部队,负责收集与记录用户的用电信息。其组件如智能电表(Smart Meter)与智能插座(Smart Plug)等设备能够感测并监控用户的电量使用实时状况。如图 7-1 所示,安装在家庭插座上的智能插座能够统计该插座的电量消耗,通过网络层所提供的各种联网技术,如 Zigbee、Wi-Fi、3G、LTE 等,将用电信息上传至云端服务器进行储存、分析与整合,其结果除了可以为供电端提供调配电量发送的参考依据外,亦可为用户提供多种家庭用电应用服务,包括各家电用品用电记录查询,依据电量减价时段使用耗电量较高的家电产品等。

图 7-1　感知层的智能插座示意图

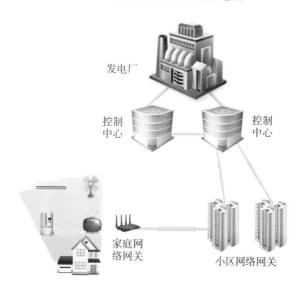

图 7-2　网络层的用电数据传递架构图

就网络层而言，其功能在于连接感知层及应用层，作为感知层与应用层的沟通桥梁。通过感知层组件，如智能电表与智能插座，可读取出各种家用电器的用电信息。而这些用电信息在汇集与整合后，将通过家庭网络网关传递至局域网络（Local Area Network，LAN）网关，如图 7-2 所示。局域网络网关再将信息传递至城域网（Metropolitan Area Network，MAN）网关，最后传递至广域网（Wide Area Network，WAN）。智能能源控制中心将收集到的所有用电信息进行储存、分析与预测，最后作为发电厂调控产电与配电的依据。

就应用层而言，智能能源控制中心负责将网络层所传递的用电信息进行最后的储存、汇总与分析，其结果将可为用电端提供多种应用服务。分析后的用电信息结果将以可视化的方式呈现给用户，如图 7-3 所示，方便用户调整自身用电习惯，以达到节能减排的目的。除此之外，智能能源控制中心也可得知各小区的历史用电量，该用电量将按时间、季节、早晚等分门别类地储存。借助这些储存记录，可预测未来的用电情况，不同小区的用电多寡可作为电力公司提供产电与输电的参考，如此将可有效避免过多发电造成的能源浪费，也可以有效节省电力公司的燃料产电成本，进一步减缓全球变暖。

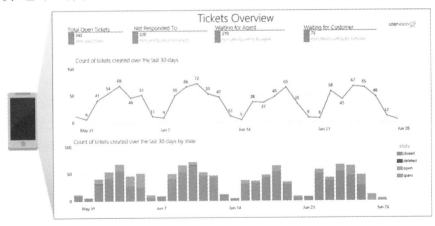

图 7-3　以可视化技术描述电器的历史用电

应用层可以提供记录，预估用电信息。另外，用户也可直接通过网络层下达控制命令，直接控制感知层的各种用电组件，如冰箱、空调和洗衣机。如图7-4所示，家用电器的实时用电信息将随时上传至智能能源控制中心，出门在外的用户可通过手机接收智能能源控制中心所推送的家用电器的实时用电状况。用户将可使用手机关闭忘记关闭的电视机,抑或是设定家中电灯、电风扇或空调在上下班时刻自动开启或关闭,使空调、电扇在用户下班后自动开启,一回家即享受到舒适的居家环境。除此之外,这些应用服务可运行在手机端、计算机端,让用户可以随时随地地操作与监控家庭中智能电器的状态与行为。而对于电力公司而言,可以通过这些应用端的程序软件推送实时用电信息以供用户参考。例如,广播停电时间,让用户可以提前准备;广播实时电价信息,让用户可以在低电价的时间使用电热水器等较耗电的产品,以节约电费;传送用户电子账单,让用户实时收到电费信息,亦可减少使用纸账单,为节能减排尽一份力。此外,电子账单亦可结合资金流支付系统,用户足不出户即可完成电费的缴纳。

图 7-4　使用手机远程控制家电示意图

7.2　物联网在智能交通中的应用

交通智能化是现今物联网发展的一大应用项目,其整合了自动化与信息通信技术,将路联网和车联网的感测信息通过互联网上传到云端的数据库中,进行整合与分析,最后再将结果上传至智能交通信息平台中,供一般民众进入该平台取得道路交通的实时信息。这些信息能够作为车辆卫星导航系统规划行车路径的依据,为用户提供较快速与便捷的路径,以避免塞车问题。如今,物联网技术已广泛应用于交通运输行业。例如,通过智能化交通信号系统,调控红绿灯变换的频率,以符合实时车流量的状态,进而避免塞车问题;该系统除了能够有效节省民众时间外,亦可降低困在车队中的车辆的二氧化碳排放量。将物联网技术运用在公交车中,通过嵌入在公交车中的各类感测装置,可以对驾驶者进行安全监控,包括车辆是否超速、是否闯越红灯、驾驶员精神状态等,如此将有效提高乘客搭乘时的安全性。借助嵌入在停车位上的感测装置,主动为车主提供附近的车位信息,如此将节省用户耗费于车位寻找上的时间。有鉴于此,将物联网技术运用在交通领域,将能够使交通得到优化,不管是在时间或空间的利用上,还是在燃料能源的节省与空气质量的提升上,都可以给予有效的改善。

为体现智能交通的发展,以下将介绍装配在车辆上的智能型感知行车记录仪(可实现对道路交通的全面感知),接着是运用在智能交通中的系统介绍,包括高速公路实时路况系统、先进大众运输服务系统与解决停车位寻找问题的智能停车网 SFpark。

1. 智能行车记录仪

智能行车记录仪相较于传统的行车记录仪,不仅能够提供驾驶行车时的记录,更结合了环境传感器和互联网技术,可将车内外的感测信息,诸如路面平坦度、空气质量、交通堵塞状态等,通过网络传递至云端交通数据库中,作为驾驶行车规划的参考依据。

如图 7-5 所示,在车内外装设各类环境传感器,通过这些环境传感器对车辆周围实时监控,如利用温湿度传感器监控车辆周围温湿度,利用三轴加速度计(重力传感器)感测路面平坦度,利用音量传感器感测道路环境噪音量。此外,设置在车辆尾端的红外线传感器,可以让驾驶员在倒车时更容易掌控与后方物体的距离。这些感测到的信息将通过 GPS 嵌入感测当下的位置信息,并进一步将位置信息嵌入由影像传感器 CCD 所拍摄的照片中,这些数据最后通过联网技术,如 Wi-Fi 或 3G/4G,上传至智能交通云服务器进行储存、分析与整合。其结果除了供政府交通相关部门作为参考并放入网站中外,亦可供手机应用开发者作为交通相关应用开发的素材数据。此外,用户也可以通过手机、平板电脑与计算机上网,使用软件查询各路段的交通实时影像与文字信息,为行车路线规划提供参考依据。

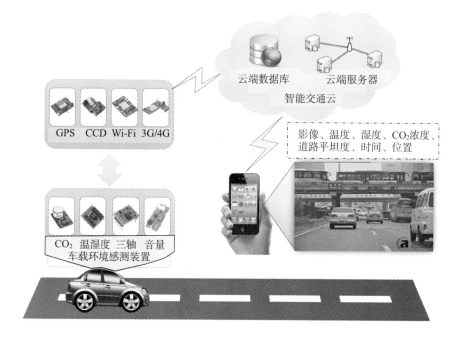

图 7-5　智能行车记录仪

2. 高速公路实时路况系统

　　将物联网技术导入高速公路系统中,可为民众出游前行车路径规划提供参考,以避开车流量较多的路段,减少塞车的情况。如此不仅可以大量减少因交通阻塞、车辆滞留于车队中时所排放出的二氧化碳、废气所造成的环境污染,亦可提高石油能源的有效利用率,进而达到节能减排的目的。此外,民众亦不会因阻车而影响了出游的兴致。

　　高速公路实时路况系统如图 7-6 所示,借助架设在高速公路两旁的速度感测装置来对行经的车辆进行感测。每当车辆经过测速雷达时,测速雷达会对当前行驶在道路上的车辆进行速度检测,并将检测到的数据通过各种联网技术,如 ZigBee、3G/4G、Wi-Fi、有线网络等,传送到交通部门的云端服务器中。云端服务器将对所收集到的行车数据进行数据分析与整合,其结果将会以图像的方式上传至网络平台中。用户可通过各种联网设备对高速公路即时路况进行查询,这样不仅能够避开拥堵的路段,亦可快速地到达目的地,让旅途更加顺利。

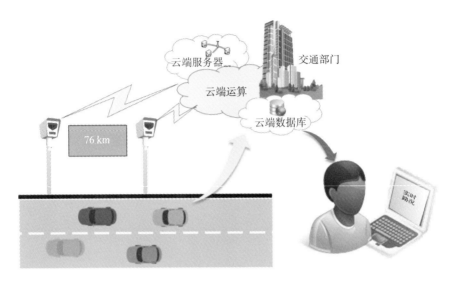

图 7-6　高速公路实时路况系统示意图

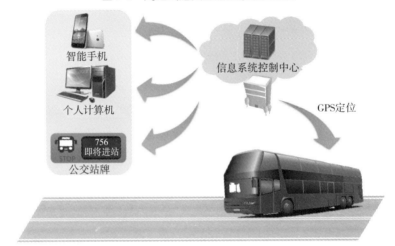

图 7-7　先进大众运输服务系统

3. 智能公交系统

物联网技术已广泛地运用在智能公交系统中，可为用户提供更加人性化的服务。以智能公交站牌为例，如图 7-7 所示，在公交车上配置 GPS 定位系统，该系统能够将公交车的实时位置信息上传至公交车信息控制中心，信息控制中心计算出公交车抵达各个站点的时间，并进一步通过互联网将计算结果显示在各个智能公交车站牌的屏幕或网络平台上。此时，想要搭乘公交车的民众可通过智能公交车站牌、智能手机或个人计算机,查询下一班公交车的到站时间。该系统可使民众不必再在等公交车上虚耗过多的时间,提升民众搭乘大众运输工具的意愿,从而达到节能减排的目的。

4. 智能停车网 SFpark

对于高度发达的城区而言,车辆数量不断增长,其道路中固定的车位已无法负荷,驾驶员往往需要在寻找停车位上花费大量的时间。美国旧金山市人口密度极高,交通也相对拥堵,旧金山市政府为解决此问题,与 Streetline 公司合作推出 SFpark 智能停车系统,希望能够结合无线网络、传感器、收费柱、流量计算与移动设备应用程序等技术,设计出能够智能管理的停车系统。如图 7-8 所示,在每个车位设置感测装置,用以判断该车位是否停有车辆,而当车位闲置时,传感器会通过 ZigBee 无线传输技术发出信号,附近的车辆收到传感器发出的信号后,就能得知哪个停车位处于空闲状态;抑或是传感器直接触发安装于停车位上的指示灯,使欲停车辆能够根据点亮的指示灯顺利找到停车空位。

图 7-8　SFpark 系统闲置车位提醒示意图

7.3　物联网在智能家庭中的应用

利用物联网技术，可将生活周围的事物数据化、智能化、效率化，其中以智能家庭的应用最为普及。例如，为了让家用电器更好地为人服务，我们可以在房间内部装设各种环境传感器，将这些传感器所感测到的数据或物体的动作数据，利用无线传输的方式传送到家中的物联网中央控制系统中；再使用中央控制系统传送预先设定好的命令，以控制家中各类电器设备。

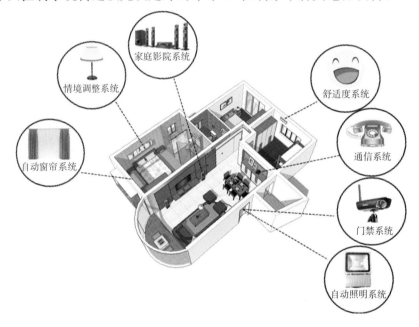

图 7-9　智能家庭示意图

如图 7-9 所示，根据光传感器感测的信息，自动窗帘系统将会控制窗帘的闭合，自动照明系统将会控制灯具的开关；根据温湿度传感器感测的信息，舒适度系统将会调节空调的温度；利用红外线传感器和摄影装备的信息，门禁系统可监控是否有人进入。这些系统的建立，可以使人们的生活环境更加安全与舒适。下文将以智能客厅和防盗系统两个实例说明物联网在智能家庭中的应用情况。

（1）智能客厅。通过在客厅装设各类环境传感器，监测客厅环境数据。

如利用温湿度传感器感测家中温湿度的状况。当家中温度过高时,温湿度传感器将通过无线传输的方式,将此信息传至中央控制系统中,而中央控制系统接收到此信息后,再通过无线传输开启空调或电风扇,调节环境的温度,直至达到用户设定的舒适度范围。再如光传感器,当家中光线太弱时,光传感器则会将此信息以无线传输方式传至中央控制系统,经由中央控制系统开启灯具或拉开窗帘。如图 7-10 所示,用户也可通过智能设备设定节能环保模式,一键控制家用电器。除此之外,用户一定也遇到过出门时忘记关闭电器的情况,这不但耗电,而且可能会导致危险,这时即可使用智能手机通过互联网进入家中的中央控制系统,了解目前家中各类电器的使用状况,进而控制家电。举例来说,当用户出门时忘记关上空调,可通过平板电脑或智能手机等设备来远程关闭空调。

图 7-10　远程遥控示意图

　　(2)防盗系统。人人都希望自己居住的环境具有安全性。若在家庭的环境周围布建传感器,那么就能实时监控是否有人侵入,如图 7-11 所示。选择较容易遭受小偷入侵的地方,如窗户、门口等,布建传感器和摄影机随时监控,了解家中的情况。用户随时都可利用具有联网功能的设备,查询家中是否有异样的状况发生。此外,当传感器侦测到有人非法侵入时,会将侵入信息利用无线传输方式传至中央控制系统,由中央控制系统统一发送指令给警报器。与此同时,亦会将侵入信息通过互联网传至用户预先设定好的智能设备中，以警示用户。

图 7-11　防盗系统的应用

7.4　物联网在健康照护中的应用

随着信息科技的进步，物联网逐渐在医疗与健康照护上扮演重要的角色，这也成为产学界近年来的热门议题。因此，如何结合现今通信、云端技术，以扩大导入行动式的健康管理及健康照护应用，实为医疗与健康照护产业的商机所在。

国内外特别注重对健康照护中监控与数据采集的研究和应用，大多数人都认同一个基本观点，即在日常生活中，老年人的行为是否规律可视为判断其健康与否的指标。因此，大多数的研究是在环境中布建传感器，对老年人的日常行为进行监测并采集数据，这是构建健康照护系统的基础。以下我们将介绍由滁州学院与淡江大学的团队实际构建的一套居家健康照护系统，并以此系统为例来说明物联网在健康照护中的应用模式。

居家健康照护系统包含许多感测组件、传输模块和嵌入式开发板。由于传感器的应用具有多元性，因此传感器应用在老年人住宅及生活辅具上的研究也有大量的成果，如图 7-12 所示。居家健康照护系统可以分为健康照护服务器和五个子系统——数据查询、安全保护、日常监测、健康提醒和生活辅助。以下将一一说明。

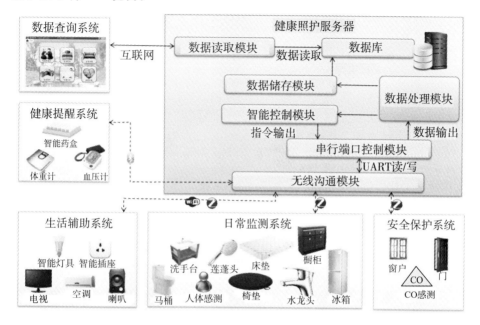

图 7-12 居家健康照护系统架构图

（1）数据查询系统。数据查询系统中设计了一个查询程序，可以分别查询各个区域所收集到的数据，将居家健康照护系统分成不同的场景，分别为卧室、客厅、厨房、浴室和家用医疗设备。

在卧室中，我们可以收集到床垫和人体感应的数据，借以判断就寝时间、起床时间、睡眠时间和睡眠质量。

在客厅中，我们可以收集到大门、电视、空调、电灯、家电、椅垫等数据，用来判断大门是否开启、偏好的电视节目、空调温度设定情况、各种家电的使用时间等。

在厨房中，我们可以收集到一氧化碳浓度、冰箱、水龙头、橱柜等的数据，用来判断气体是否外泄、冰箱是否关紧、用水量和橱柜的使用次数等。

在浴室中，我们可以收集到人体感测、莲蓬头、洗手台、马桶等数据，用来判断进入浴室的时间、洗澡的时间、用水量、上厕所的次数等。

家用医疗设备可以收集药盒、血压计、体重计的数据，用来显示用药状况、血压数值和体重数据等。

（2）安全保护系统。在安全保护系统中，判断三种危险状况，即大门在异常时间被开启、窗户在异常时间被开启和二氧化碳值异常。大门或窗户如果在非用户设定的时间开启，则判定有入侵者，系统会发出警报。例如，半夜两点时有人打开大门，系统就会自动判定有陌生人想进入家里，发出警报，吓阻入侵者。如果一氧化碳数值过高，就会对人体造成危险，系统会自动发出警报，提醒用户一氧化碳浓度过高，需要立即开窗或关闭燃气。

（3）日常监测系统。在日常监测系统中，我们使用大量传感器进行感测，大致可以将感测方向分成四类，分别是环境感测、家具使用感测、家电使用感测以及人体位置感测。

环境感测是指对日常生活的周围环境进行感测，如一氧化碳浓度、室内温度等。这些环境数值一般不会随着用户的行为产生改变，但是却会对用户的身体健康产生影响，因此将环境数值记录下来。

家具使用感测是指针对家具的使用状况进行记录，如对橱柜、椅垫、床垫等进行感测。这些设备都加装了传感器，用来记录开关橱柜、坐、卧等动作。

家电使用感测只对家电的使用状况进行记录，如对电视、冰箱、空调、电灯等家电进行感测并记录其状态，以便随后进行分析，如分析观看电视的偏好、一天开启冰箱的次数、气温对空调的影响等。

人体位置感测是指对人体位置的感测与记录。使用红外线传感器与门上的磁簧开关，就可以判断用户现在的位置，如是在卧室、浴室、客厅、厨房，还是在门外。如此一来，就可以推断用户大多数时间在哪块区域活动。

（4）健康提醒系统。在健康提醒系统中，我们使用了三种医疗设备：智能药盒、血压计和体重计。因为在非侵入式的生理测量中，血压与体重的数值最能看出一个人健康与否，如是不是过重或高血压。多数老年人都有慢性病，都有用药的需求，智能药盒可以在用药时间提醒用户用药。除了提醒用药与测量生理数值之外，设备会将测量到的数值与用药信息上传到居家健康照护系统进行储存，以便信息查询系统使用。

（5）生活辅助系统。在生活辅助系统中，我们设计了辅助生活的功能：起床情境和智能控制。设计起床情境的用意是，多数人起床时，都会因为低血压而头昏，通过起床时播放轻音乐或用户喜欢的音乐，并调整灯光，来舒缓用户起床时的身心状态，同时在屏幕上显示今天的天气情况、气温及问候语，为老人提供更衣的参考。智能控制的部分则是设计一个中控盒，可以使用手机通过中控盒控制家电的开关。

本节介绍了物联网在健康照护方面的应用,通过滁州学院与淡江大学的团队所构建的居家健康照护系统,可以随时了解老人使用各种家具、家电的情况,提醒老人用药的时间,对生理数值进行监测,确保老人的健康。还可在发生危险状况,如一氧化碳浓度过高或陌生人入侵时,警示老人,将物联网的感测、传输和应用概念完全应用在居家健康照护的环境当中。

7.5 物联网在物流运输中的应用

物联网在物流运输产业的应用很广泛,包括让发货人、运输商、收货人可以实时获得每个物流节点的相关货物的精确信息;让配销和运输商可以更有效率地进行货物运输的监控、仓储管理、运输货柜管理等。这些都是物流运输产业结合物联网可以实现的目标。为了有效管理种类及数量众多的货物,如图7-13所示,当物流业者从各方厂商收取到大量的货物时,便在其中装置RFID辨识标签,并通过网络与系统的联机将货物的储存位置、库存数量、运送状况上传至云端的数据库中,使物流管理能更有效率、更加便利。当从业者想得知货物目前的所在地和数目时,就可以通过 RFID 标签感应得知最新的货物流动状况,进行多方位、全面性的管控及追踪。

智能物流除了应用于一般的物流业者的货物管理外,也可应用于大型综合超市的量贩产品销售。如图 7-14 所示,由于大型综合超市销售的商品种类繁多、同类商品价格不一,购买不便,因此在超市销售产品所在的货柜贴上 RFID 辨识标签,并把产品信息上传至数据库。当消费者进入超市购物时,即可通过智能设备与超市的网络平台联机,查询欲购买商品的放置位置,减少找商品的时间,另外还可比较同种类商品的价格,消费者不用一一查找同种类商品比较,结账时只需要将智能设备扫一下便能快速结账,减少结账时间;而超市人员则可利用 RFID 读取装置,通过网络联机至超市数据库,从而得知产品的销售情况和剩余数量,为补充货物提供参考。

智能物流的架构如图 7-15 所示。通过物联网技术,物流货车可安排最简短和花费时间较少的路径,避免因重复绕路和塞车而浪费时间。另外,可通过物联网得知邻近市场的零售店面及预计销售量，让物流商提早准备好区域分销仓库的库存量，节省重复运输的时间，避免无货可供的业务损失。

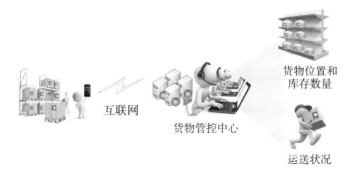

图 7-13　物流结合物联网示意图

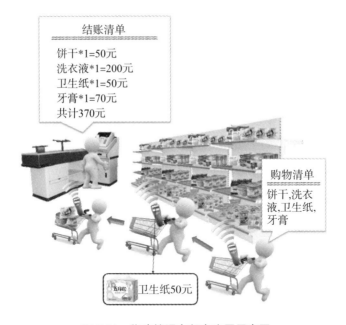

图 7-14　物流管理之超市应用示意图

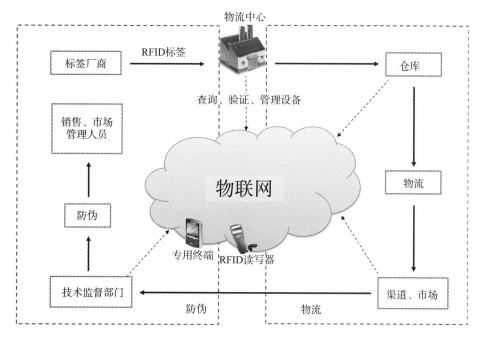

图 7-15 智能物流架构图

通过物联网的技术将智能对象与日常生活彼此结合应用,可使未来的科技产品更加智能化、人性化。在智能节能方面,运用智能电网中的各种组件收集客户端的用电信息,不仅能够帮助用户节能,更可以为公共事业智能化配电管理提供依据,减少不必要的电力耗损;在智能交通方面,物联网技术可以让民众知道路况、车流量及是否有车祸发生等,在交通的安全性或便利性上都有大幅提升;在智能家庭方面,在家中导入多样化感测组件及中控系统,将有效提升住家的舒适度及居家安全;而在健康照护方面,自动化的管理不仅降低了人力成本,也提升了独居老人的安全性,可使家人或照护机构随时掌握老年人的身体生活状态,更轻松地处理突发事件;在物流运输方面,物联网亦能大幅减少相关产业的时间与金钱成本。从居家环境、健康照护到购物娱乐,处处都可以因物联网而变得更加智能。

物联网的应用是一个持续演化前进的历程,它不仅是科学技术,也是社会、文化、商业、法律等层面的议题,许多学者认为跨领域的融合是推动物联网成功的关键。物联网所带动的不该只是生活设施的进化，而应该是生活质量的进化。因此，如何利用物联网来提升生活的质量，将是物联网下一步发展的重要议题。

第8章　物联网的未来发展及挑战

8.1　物联网的未来发展

好莱坞科幻电影中有许多新奇的、充满想象力的科技。例如汤姆·克鲁斯主演的《少数派报告》中,广告墙不但可用于播放广告,还可用于购物,充当广播器,供扫描条形码使用;另外,还有许多微型机器人散布在城市当中,作为移动的监视器。而在威尔·史密斯主演的《我,机器人》中,家里所有的家电都是集中式管理的,一个口令一个动作,不再需要遥控器,全世界所有的科技产品都是互联的,在车上讲话就可以点餐或买东西,十分方便,这便体现了物与物相联的物联网思想。

电影《阿凡达》中,生活在潘多拉星球的纳美族人,只要用自己的辫子与飞行动物的辫梢相连,就可以与飞行动物沟通,实现飞行的梦想,突破身体与空间上的限制;所有的动植物之间也都能通过心灵的沟通来指挥行为,让巨大的野兽、飞禽听自己的话,按自己的思维奔跑、飞翔;处处可见色彩斑斓、飘浮在空中的群山,夜间各种动植物还会发出奇光异彩,人与其他物种和谐相处,从自然中获得并驾驭流动的能量。那是一个没有被破坏的生态环境,一个美丽无比的仙境。这亦体现了物与物相联且彼此沟通的思想。自然界已经完全融合为一个如同梦中的奇幻花园,融合为一个整体,犹如创造了一个天人合一的巨大网络,在这种理想国度中,万物虽不归我有,但却为我所运用。人、事、物之间的沟通不再受空间与时间的羁绊,而这种特性,正是物联网未来发展的标准典范。

在物联网中,各种人、事、物沟通的核心和基础是互联网,其技术的延伸和扩展可架起理想国度中各种人、事、物沟通的桥梁;射频识别器、红外线传感器、全球定位系统、3D激光扫描仪、无线通信芯片等信息感测与通信装置亦可内嵌于各种物体中,让互联网用户通过网络的沟通能力扩展到物体端,让各种物体也具备了类似人类的沟通能力。因此,我们借助各种物联网技术能创造出一种融入万物的虚拟空间——"阿凡达世界",任何东西都可以装进里面,任何事物都能彼此相联。在未来的生活环境中,随处都布满着不易察觉到的微小传感器,当你外出远行时,嵌入行李箱内的传感器会自动提醒你忘记带的东西;各种芯片植入体内,可以改善人类的听力和视力;当微型计算机装置嵌入衣服或鞋子等物品时,可以利用随意布建的微型计算机系统与衣物上的微电脑互动。甚至每个人随时都可以通过智慧校园,查看自己的孩子是否已经顺利抵达学校;通过健康照护,得知父母正在公园运动,身体健康指标良好;通过智能仓储,只花 1 分钟就能完成公司库存的盘点;通过智能交通,选择最优路线去机场接客户,并与高速公路上的车辆相互"对话",实现自动驾驶等。

物联网之所以成为未来智慧世界的关键技术,主要是因为其发展可使物体与物体之间具有沟通能力,其通信的信息整合与应用通透性可使人类的生活更智能化,进而创造人、事、时、地、物都能相互联系与沟通的环境。生活周围的各种物体,小至钥匙,大至建筑,只要引入物联网技术,就能够彼此交流,甚至与人类互动,曾经只存在于电影内的情境,将真实地出现在生活中。现今,物联网关键技术蓬勃发展,其主要运行模式为全面感知、可靠传输和智能处理,未来将持续朝着规模化、标准化和智能化的方向发展。为了达到上述虚拟世界的智能情境,必须努力实现物联网中人与物之间各种可能的智能感知、智能交融与智能应用。我们仍需努力解决以下各类问题:感知标准、异构网络的共存与信息通透性、数据融合与分析。这些问题将在后续小节进行描述。

8.2 物联网的未来挑战

要实现虚拟世界中各种智能反应与全自动运作的梦想,完成物联网关键技术的全面感知、可靠传输和智能处理,将是未来发展的重大挑战。首先,为了实现世界全面感知的目标,在物联网中必须严加制定相关的感知标准。一旦物联网中存在统一的感知标准,可以让多种不同类型的传感器同时运作,并产生规范的数据结构,如封包格式与架构,进而使感知的信息更加细致且具有全面性。举例来说,若传感器、无线射频、二维条形码等各种类型的感测技术在其感测过程中,皆拥有规范的感知标准并同时运作,产生的感测信息将会更加细致与准确,不再因为封包格式与架构的不同而产生隔阂,进而可以降低物联网日后在进行数据交换时的困难度。这样的标准可以是感知时的感知数据格式,网络层的封包格式及通信标准,数据处理与交换时的数据内容、类型、解读方式及处理方式,以及云端和应用层的数据描述及语意描述的标准等。

当数据内容可以不受时空及设备限制而彼此交换时,便可达到物联网中可靠传输的目标。此外,虽然在各层的传输方面定义了数据交换标准、解读方式及处理方式,但在实际运作时,亦可能遭遇许多物理环境所引起的挑战,诸如传输的时段、频道、功率以及信息的稳定度等,需要进一步克服。这些潜在的影响因素,也都需要依赖不断的调试与检验。

在网络拓扑的变化方面,智能对象(如智能衣服、智能手机、RFID 芯片或其他随身设备)可穿戴或随身携带,因此,此类的智能对象将随着人类的移动而改变其位置,导致网络随时有新的智能对象加入或离开,拓扑的变化非常频繁。因此,如何在拓扑改变频繁的异构网络环境中,制定出多种有效率的数据透明传输方式,让彼此分享的内容具有完整性且不失任何信息的原有价值,是物联网透明传输必须面临的另一项重要挑战。

除了异质共存的问题外,要在物联网中有效达到可靠传输的目的,仍须考虑以下问题:

①频道的动态性。传输环境中有许多的波动和噪声,可能造成更严重的干扰。如何动态地调整频道,使数据传输更具适应性,亦是一项重要挑战。

②服务质量的支持。涉及生命安全(生命攸关的医疗数据)或实时应用(实时娱乐或影音服务)的网络传输服务,其传输效率必须有一定的品质保证,以确保精准快速且不遗失。

③信息安全。在物联网传输中,大量增加的封包传输将大幅提高传输过程被各种潜在危机攻击的可能(物理攻击、配置攻击、核心网络攻击等),因此,如何确保信息的保密性、安全性与正确性,也是网络传输必须考虑的重大要素。

要达成虚拟世界中的自动化处理,各种物联网数据的智能融合与管理将会是一大关键。物联网中的信息具有下列特征：

①信息的价值会随着产生时间的推移而贬值。

②信息的价值会随着信息正确率的增加而增加。

③信息的价值会随着被使用次数与频率的增加而增加。

④信息的价值会随着信息组合来源数的增加而增加。

为了维护以上信息的价值，物联网数据的智能管理显得愈加重要。物联网发展在这方面所面临的挑战如下：

①资源限制。架设物联网所使用的设备，包括 IP 的支持度，都必须有运算上限、内存上限和电力上限等，各项资源与设备也必须妥善规划，使其使用效率最大化。

②自动化。在一个自动化运作的物联网环境中，所有智能设备在布建之后便完全独立作业，并拥有独立的思考核心，硬件配置也可能因环境变化而需重新配置。当设备有问题产生也可以自动修复，不再需要依赖人力去操作、监控及修复，进而使一切事物可以做到自我组织、自我配置、自我管理和自我修复。

③个人隐私。为了达到物联网全面感测的目的，建立一个物联网世界，需要布建多元的传感器。但如果在人们的生活环境中布建太多传感器，这些设备所感测到的信息就会有意或无意地越界，侵犯到人们的隐私权。因此，如何在自动化应用与人类隐私之间有效划分彼此的领域，将是数据管理的一大挑战。

④物联网信息的融合与管理。利用物联网收集的数据，无论是文件、图像、语音，还是视频，各种类别的数据量都将大幅增加。如何有效管理这些大量、复杂以及连续输入的数据，减轻网络与设备的负担，亦是亟待解决的重要问题。

虚拟世界的梦想与实体世界的生活需求，均是物联网科技进步的原动力，物联网所衍生的服务在未来将无所不在。无论任何人、事、物，皆可随时随地地交换信息，跳脱时间与空间的羁绊和分界，进而达到信息的自由交换。当目标达成时，所有对象皆能与我们沟通，我们的生活也会变得更便利，虚拟世界的梦想也可得以实现。

为了使科幻电影中的未来理想世界成为现实,让一切事物的沟通不再有任何隔阂,不受时间、空间或对象的限制,需要开发一些自动化兼具智能的应用。如电影《阿凡达》中的生命之树,犹如网络,无远弗届,串联起人与人、人与物,甚至是物理世界中的所有物品,彼此之间都存有全面感知与相互通信的能力,进而达到更具智能的自动化应用。如纳美族人可通过发光的枝柳传送信息,并进一步运用发光枝柳包裹自身,达到治愈生命的目的。

物联网的各项技术都是目前世界各国主要发展的目标,无论是 IBM 的"智慧地球"、日本的 i-Japan,还是中国的"感知中国"或欧盟的《物联网——欧洲行动计划》等,均积极开发物联网相关技术与应用,希望将各种感测、通信技术应用于真实的物体,实现物与物、人与物之间互相沟通与对话的愿景,并通过特定的程序控制,或赋予各种物体智能,使人类地球村拥有自动化的便利性。虽然现今的技术距离《阿凡达》的理想世界仍非一蹴可就,但只要人类依然存有梦想,秉持着克服各种挑战的信念,持续朝着人类幸福的康庄大道迈进,智慧地球的理想国度终会实现!